农家书屋
NONG JIA SHU WU

《中国粮油地理探秘》
编　纂　裴会永　白　俐

《中国粮油新视点》
编　纂　裴会永　白　俐

《中国粮油财富解码》
编　纂　张宛丽　任　敏

《中国粮油产业观察》
编　纂　石金功　宋立强

《中国粮油人物志》
编　著　王丽芳

ZHONGGUO LIANGYOU XINSHIDIAN

中国粮油新视点

主　编　陶玉德
副主编　刘新寰
编　纂　裴会永　白　俐

河南大学出版社

图书在版编目(CIP)数据

中国粮油新视点/陶玉德主编. —郑州:河南大学出版社,2011.1(2012.5 重印)
ISBN 978-7-5649-0366-4

Ⅰ.①中… Ⅱ.①陶… Ⅲ.①粮食—问题—研究—中国 ②食用油—问题—研究—中国 Ⅳ.①F326.1

中国版本图书馆 CIP 数据核字(2011)第 015094 号

责任编辑 王爱豫
责任校对 孙军红
整体设计 王四朋 王小娟 王 勃

出版发行 河南大学出版社
地址:郑州市郑东新区商务外环中华大厦 2401 号 邮编:450046
电话:0371-86059712(高等教育出版分社) 网址:www.hupress.com
0371-86059715(营销部)
排 版 郑州市今日文教印制有限公司
印 刷 郑州海华印务有限公司
版 次 2011 年 1 月第 1 版 **印 次** 2012 年 5 月第 2 次印刷
开 本 787mm×1092mm 1/16 **印 张** 13
字 数 277 千字 **印 数** 27001—35000 册
定 价 25.00 元

认识粮食　感知中国

中国文明史虽说非常古老,但粮食的起源和种植却远远长于5000年的历史。在中国农业发展的不同时期,五谷、六谷、九谷甚至百谷,交替成为粮食的代名词。唯一不变的是粮食的价值。

国以民为本,民以食为天。粮食在中国历史、文化、经济的发展中一直占据重要位置。小到人们的日常生活,大到政治事件、国与国的多数军事行动,都与粮食有着或明或暗的牵连,如秦始皇统一度量衡、曹操的官渡坑降、清军入关……粮食在其中扮演着一个隐形的、无台词的主角。

随着工业革命和科技革命的兴起与发展、现代化和信息化进程的日新月异,中国农耕文明逐渐嬗变,并向着农业现代化高速前行。在经济形态不断变革的新形势下,粮食经济拥有的自身属性与产业链条都在发生质的变化。

一

英国人拉吉·帕特尔的《粮食战争》一书,让人们看到一场另类的没有硝烟的"战争"——粮食不仅是一种生存资源,而且成为一种战略武器。

粮食在快速的贸易中被市场化,在高速的科技更替中被高产化、转基因化;粮食本来是必需品,但在全球量化宽松时代,粮食的金融属性更加凸显,成为资本逐利的投资品;粮食作为"白金"已成为新的泛货币化的价值符号,并在全球流动性泛滥的情况下,推动国际大宗商品价格屡创新高……谁控制了粮食,谁就拥有了资本,谁就能控制整个世界,这让人不寒而栗。

对于中国这个拥有世界1/5人口的国家,粮食战略与安全显得尤为重要。杂交水稻之父袁隆平曾直言,中国的粮食安全是"一场输不起的战争"。农业部部长韩长赋亦再三呼吁,中国人的饭碗必须牢牢端在自己手里。

虽说中国农产品自给率很高,粮食也连续7年增产,缔造了世界的奇迹,但我们的粮食生产却依然面临着耕地短缺、基础设施不足、自然灾害增多、环境(土壤、水质)污染加重、市场资本化与科技化羸弱的不利局面,粮食供给仍处于紧平衡状态,品种结构和地区分布也不平衡。粮食安全仍然是一个不可掉以轻心的重大战略问题。

对此,我们有过不堪回首的太多太沉重的记忆。且不说20世纪50年代末对粮食产量的虚报浮夸,也不提三年困难时期粮食匮乏对国人的致命威胁,近30年来,我们有过圈地导致耕地急剧减少的教训,有过缩减种粮面积造成抛荒或"双改单"的失误,有过无视国情以生物质燃料替代原油而造成的苦果,有过面对特大自然灾害难以抵御的几分无奈。"七连增"之前一年——2003年全国粮食产量跌至8614亿斤即为例证。

"我们要有忧患意识,始终保持清醒的头脑。同时,又要树立信心,信心就像太阳一样,充满光明和希望。"站在新的历史起点上,温家宝总理再次以坚定的语气,向世界传递出中国政府的自信和清醒。

谁知岁丰歉,实系国安危。在世界粮食危机愈演愈烈的当下,对于粮食之价值与国情,我们理应清醒认知。

二

粮食如此重要,因此我们必须对粮食的生产者——农民给予高度的敬重,对他们的生存生产现状给以清醒的分析和认识,以保证他们合理的利益诉求,调动他们生产粮食的积极性。

农民与粮食是天然不可分割的。但随着时代的发展,农民的生存状况与过往不可同日而语。过去,农民是"纯粹"的农民,日出而作,日落而息,一辈子被紧紧地拴在一小块土地上;现在,随着城镇化进程的提速,许多农民走进工厂车间、建筑工地,成了城市建设和工业化的一分子,更不乏买房置业者,脱离了农村户口,成了城市市民。

农村劳动力减少导致的直接后果就是农田的抛荒和农业的减产。

为了改变这种局面,国家出台了一系列惠农政策:免除农业税,提高粮食收购价,补贴农民种粮,加快水利基础设施建设……这在一定程度上提高了农民的种粮积极性,农民重新回归久违的土地。

这期间,新生代农民悄然兴起。与祖辈显著不同的是,他们不再满足面朝黄土背朝天的生活状态,不再固守传统的种植方式,有文化、懂技术、会经营成为新生代农民的显著特征,"职业农民"成为他们的耀眼名片。

他们中一些人借助土地流转的机遇,成了远近闻名的种粮大户;一些人依托高效农业和科技产品，让土地生出了“黄金”；一些人从粮食深加工中，破解了财富的密码。他们从五谷中体验到成功的快感，并以燎原之势，带动着整村、整乡、整县的农民依托粮食脱贫致富，奔上小康之路。

但是，随着城镇化、工业化建设的加速，农业生产又面临着一些新问题：一方面是耕地不断减少，18亿亩耕地红线几近逾越，保障粮食生产的条件岌岌可危；另一方面是农业比较效益低，种地产粮不挣钱，成为亟待解决的农业难题。

为了解决中国的粮食供给安全问题，必须创造条件，从源头上保证粮食的生产安全。而这一切有赖于正确处理各种矛盾，保证粮食生产的主体——农民的合理利益，培育知识化、职业化的农民。毕竟扎根广袤土地的知识化、职业化的农民最终将成为缔造中国粮食安全的基石。

三

由于历史原因，我们的粮食经济研究起步较晚，基础较为薄弱，存在着重宏观轻微观、重生产轻流通、重开发轻保护等方面的缺陷。系统梳理中国粮油生产、流通、加工、消费全链条，有利于人们在特定的案例中找出普遍的规律，认清客观的形势。

在几千年的农业实践中，中国粮食生产流通经历了若干不同的发展阶段，从刀耕火种到现代化种植，从以物易物的简单交易到现货、期货、资本综合并存的现代化贸易，从部落内交易到国内贸易再到世界范围内的贸易……现在粮食以及引发的粮市、粮世、粮势都与以往千差万别，但我们大部分人对粮食的认知还多简单地停留于糊口上。

作为全国唯一一份粮油行业大报，《粮油市场报》自1985年创刊以来，肩负为耕者谋利、为食者造福的使命，秉持信息食粮、财智向导的办报理念，一直以新闻的力量，执著耕耘于这片广袤的土地。在记录与见证粮食经济发展变革的过程中，我们越发感到粮食形势的多变和信息的重要性，也越发感到肩上的责任之重。

谷贱伤农，贵则伤末。“豆你玩”、“蒜你狠”、“姜你军”，由农产品上涨而引发的相关行业商品价格“水涨船高”，已直接地影响了我们每个人的生活。随着气候变化、人为炒作等因素影响的加深，刚性需求的加强，全球粮食危机的加剧，明天的不确定性也日益加重。粮食的价值与作用、种植与管理、流通与加工、消费与利用、开发与保护，都需要我们重新来解读、认知。

由《粮油市场报》联合河南大学出版社策划推出的“中国粮油书系”，以时代为经，以粮食生产境况、产业发展动态、粮油企业智慧、专家新锐视点、粮食经济地理为纬，突出诠释了当前粮食发展的重点、特征和演变，深入探讨了国家粮食安全、农产品价格以及“三农”等焦点话题，在真实、客观地反映中国粮食经济腾跃图景的同时，也向社会呈现了发展中出现的各种问题与难题。

只有了解粮食的人越多，对“米袋子”工程重视程度越高，才能真正消除粮食安全隐忧,实现民富国强。如果你希望享受丰富的物质生活,那么,就更应该具备以战略思维来看待粮食的智慧和眼光。

只有珍视粮食的价值,珍视农民的力量,我们才能读懂中国粮情国运,我们才能在广阔的天地里,畅快淋漓地品味五谷的芳香,汲取这些来自人与大自然合力带来的惠赐。

建言"三农" 助力"三农"

中国作为一个农业大国,"三农"问题关系到国民生存、经济发展,关系到社会稳定、国家富强、民族复兴。研究"三农"问题的目的在于农民增收、农业增长、农村稳定。实际上,这是一个居住地域、从事行业和主体身份三位一体的问题,但三者侧重点不一,必须一体化考虑。

《中国粮油新视点》一书,是应读者要求,从2010年《粮油市场报》"专家观点"栏目文章中,精心挑选94篇而结集出版的一本粮油新闻评论集,旨在借一方小天地,助力"三农"问题的解决;借专家之言,呼吁大众关注"三农",服务"三农"。

《粮油市场报》"专家观点"栏目推出以来,始终以"三农"问题为着眼点和出发点,每期聚焦一个能充分体现我国粮食及"三农"领域当前热点、焦点、难点或冰点问题的话题,发表一线专家的锐见,有针对热点事件的时事评论,有发轫基层的顿悟声音,有高瞻远瞩的前瞻观点。语言鲜活有力,表达方式理性、平等、宽容。每期所选议题紧跟时代主流,注重时效性、权威性和实用性,力求见解深刻独到,发别人未发之言,传播认知价值,体现认识的深度、广度,以此提供专业判断,指出一条可供选择的、读者乐于接受的"思想的出路"。

该栏目推出一年,共刊登240余篇评论文章,在业界具有广泛影响力。从事粮食流通管理的一些领导同志对办好这个栏目非常关心,多次提出指导性意见,并对其中不少佳作予以肯定。从事粮食经济研究的专家学者也非常看重这个栏目,多次提出建设性意见,希望栏目越办越好。不少读者来电、来函,要求集结成册。

本书所选文章,既有围绕党和国家涉农惠农新政,从宏观角度解疑释惑,阐释、剖析政策深层意义的厚重解读,也有基于工业化、城镇化快速推进背景下,关于"三农"的深入思考;既有紧扣粮食全球化、能源化、金融化趋势,对于国家粮食安全及粮食经济的全局性、综合性、战略性、长期性问题的前瞻性预判和建议，也有围绕粮食产业、粮食经济生活中有代表性和倾向性的事件、问题和现象，就泛粮食经济话题而展开的深度观察与思考。

为方便读者阅读，我们对所选文章进行了重新梳理，细分出四个专题，分别是政策解读、产业观察、行业前瞻、民生杂谈，充分体现了本书的宗旨及出发点。

思想是人类精神财富中最宝贵的精华，而我们则是粮食经济思想的忠实记录者，我们期望借《中国粮油新视点》一书，向粮食经济领域的思想者献上一道精神大餐，并向一年来关心、支持、指导《粮油市场报》“专家观点”栏目的领导、专家、学者及草根思想家致以深深的谢意。

编　者

目录 /CONTENTS

政策解读

产业观察

行业前瞻

民生杂谈

Part 1

政策解读

以解决“三农”问题为着眼点和出发点，结合中共中央一号文件部署的工作重点和一些惠农新政，及时准确地加以剖析、阐释和引导，注重时效性、权威性和实用性，讲明道理，发表议论，解疑释惑，阐释政策出台的深层意义，力求更好地宣传党和国家的涉农涉粮政策。

陈晓华：

发挥龙头企业作用 推进农业科技创新

农业产业化已发展成为农业生产经营重要的主体，其龙头企业依靠研发针对性强、机制灵活、成果转换率高的优势，将产学研、农科教集于一体，已成为农业科技创新的重要载体、农业科技推广的重要平台、开展农民培训的重要基地，在整个农业科技进步中发挥着不可或缺的作用。

"要充分发挥农业产业化龙头企业的作用，积极推动农业科技进步。"陈晓华说。

陈晓华称，这些年农业产业化已发展成为农业生产经营重要的主体，其龙头企业依靠研发针对性强、机制灵活、成果转换率高的优势，将产学研、农科教集于一体，已成为农业科技创新的重要载体、农业科技推广的重要平台、开展农民培训的重要基地，在整个农业科技进步中发挥着不可或缺的作用。

随着国家科教兴国、科教兴农战略的深入实施，支持农业科技发展的政策体系基本建立，为企业科技进步创造了一个良好的社会氛围，同时信息技术、生物技术的广泛应用，农业科技步伐的不断加快，也为企业提供了重要的条件。

“当然我们要看到，龙头企业在科技进步过程中，也面临很多繁重的任务，这就要求龙头企业加快科技创新，不断提高资源利用率；市场竞争日趋激烈，要求龙头企业加快科技创新，不断增强核心竞争力；消费结构快速升级，也要求龙头企业加快科技创新，不断满足多元化的市场需求。”陈晓华说，农业产业化龙头企业要抓住这个机遇，应从四个方面努力：

第一，牢固树立科技兴企的理念。过去主要依靠资金，特别是资源的消耗。现在龙头企业的设备是一流的，但技术推广的网络很不健全，和国家技术推广队伍的结合也不够紧密，这个问题要很好地研究解决。

第二，建立科技投入的增长机制。尽管现在龙头企业已经意识到科技的重要性，但是投入还比较低，和国外相比差距还很大，所以要通过政策来引导企业不断增加研发投入。

第三，建立科技人才的培养机制。这些年企业在吸纳人才方面有了一些新的政策，但是从总体上来看，研发和技术推广人员的数量还不够多，和国际跨国的食品和农产品加工企业相比，国内企业在技术含量、人才档次上，都有很大差距，自主知识产权，特别是品种方面的差距很大，所以要加快建立科技人才的培养机制。

第四，建立创新激励机制，特别是要完善薪酬的激励机制、选拔任用的激励机制、考核评级的激励机制，真正形成尊重劳动、尊重人才、崇尚创新的优良环境。

“如果农业产业化龙头企业抓住贯彻中央一号文件这个机遇，在不久的将来就会把农产品加工业提高到一个新的水平，真正发挥农业产业化龙头企业带领增收的能力和作用。”陈晓华说。

（陈晓华　农业部副部长）

陈萌山：

必须依靠科技进步 促进现代农业发展

基于对国际经验的总结和对我国国情的科学把握，我国要走中国特色农业现代化发展道路。要求我们在有限资源的基础上，通过推进农业科技进步，全面提高农业物质装备水平，大力培育有文化、懂技术、会经营的新型农民，把农业发展转到依靠科技进步和提高劳动者素质的轨道上来。

“发展有中国特色的农业现代化道路，要求我们在有限资源的基础上，必须加强基础设施建设，依靠科技进步，着力提高农业综合生产能力，以此实现立足国内保证粮食等主要农产品的基本自给的目的。”在2012年2月14日农业部举行的新闻发布会上，陈萌山对如何实现中国特色的农业现代化作出解读。

陈萌山认为，相对于传统农业，现代农业是一个更大的概念：从发展的要求和结果来看，现代农业可以用高产、优质、高效、生态、安全来理解；从建设过程和途径来看，现代农业主要体现在用现代物质条件来装备农业、用现代科技来改造农业、用现代产业体系来提升农业、用现代经营方式来推进农业、用现代发展理念来引领农业、用培养新型农民来发展农业上。

由于自然资源禀赋和经济社会基础不同，世界各国选择的现代农业建设道路也不同。基于对国际经验的总结和对我国国情的科学把握，我国要走中国特色农业现代化发展道路。陈萌山认为，我国农户规模小、数量大、经营分散的实际，要求我们必须坚持农村基本经营制度不动摇，加快推进农业经营体制机制创新，发展多种形式的适度规模经营，切实转变农业经营方式。

陈萌山强调，实现我国农业现代化，应加快推进农业生产方式的转变。他指出："要通过推进农业科技进步，全面提高农业物质装备水平，大力培育有文化、懂技术、会经营的新型农民，把农业发展转到依靠科技进步和提高劳动者素质的轨道上来。"

面对我国农业比较效益低、处于弱势地位的实际，陈萌山指出，必须坚持工业反哺农业、城市支持农村和多予少取放活的方针，建立健全农业支持保护体系，调动各级政府重农抓粮、亿万农民务农种粮、广大农业科技人员科技兴粮的积极性。

破解城乡二元体制也是我国实现农业现代化需要完成的艰巨任务。陈萌山认为，必须统筹城乡经济社会发展，调整国民收入分配结构，以及完善城乡平等的要素交换关系等，努力形成城乡发展一体化新格局。

陈萌山指出，我国农产品市场与国际农产品市场融合日益加深，应进一步扩大农业对外开放，支持农业"走出去"，利用好两种资源、两个市场，既保障国内农产品供给，又维护我国产业安全。

由于我国农村地域广，资源禀赋差异大，农业发展不平衡，陈萌山认为，必须遵循自然规律和经济社会发展规律，推动一部分具备条件的地区（比如大城市郊区、国有农场、沿海发达地区等）率先实现农业现代化，使一些产业走在农业现代化建设前列。

（陈萌山　农业部总经济师）

韩 俊:高粮价时代到来 实现自给须立足国内

我国每年粮食消费量占世界粮食消费总量的1/5以上,是世界粮食贸易量的2倍左右。目前,中国粮食进口量占全球粮食进口总量的1/4以上,国际市场难以完全满足我国进口需求。要实现粮食的基本自给,必须立足国内,并统筹利用好国内外两个市场、两种资源,拓展农业对外开放的广度和深度。

2004年以来,我国粮食连年增产,但是与能源安全和金融安全相比,我国粮食安全仍然脆弱。因此,我国要实现粮食的基本自给,必须立足国内,并统筹利用好国内外两个市场、两种资源,拓展农业对外开放的广度和深度。

我国粮食安全的脆弱性主要体现在三个方面。第一,保障粮食安全的资源非常贫乏。第二,这种平衡是强制性的平衡。种粮成本越来越高,比较收益不高,这种平衡很容易被打破。第三,这种平衡非常紧张。虽然现在小麦供求总量基本平衡,但是稻谷和玉米供求日趋偏紧。

中国要实现粮食的基本自给,必须立足国内。我国每年粮食消费量占世界粮食消费总量的1/5以上,是世界粮食贸易量的2倍左右。但是,世界粮食市场的供给能力毕竟有限。目前,中国粮食进口量占全球粮食进口总量的1/4以上,国际市场难以完全满足我国进口需求。我国已进入粮食资源较高地依赖市场的阶段,其中食用油自给率不到50%,棉花自给率不到60%。

全球已进入粮食市场动荡多变和高粮价的时代。从全球粮食生产与消费角度来看,供求偏紧的态势在近期和中期内难以改变。2008年以来全球发生了严重的粮食危机,粮价大幅上涨。现在全球的贫困人口是20世纪70年代以来最多的,主要原因就是穷人承受不起高粮价。在这种大环境下,我国政府的目标是保证人民既要吃饱,又要吃好。要保证人民吃饱吃好就要统筹利用好国内外两个市场、两种资源,要拓展农业对外开放的广度和深度。

此外,保证粮食安全,我国还需要在以下几个方面继续下功夫:

第一,完善对粮食生产、农业的支持保护制度。这些年中央财政对农村的投入已接近1万亿元,但是公共财政的雨露还没有滋润到全体农民,所以需要继续加大对农村的投入。

第二,针对种粮比较效益低的问题,国家需要大幅增加对农民的直接补贴,加强建立健全利益补偿机制。

第三,要让农民种自己的地,稳定家庭承包经营的主体地位。当前,农民在城里还没有扎下根来,中国的城市化率还不足50%,盲目地推动公司化和农场化经营无异于一场灾难。中国的农业现代化不能美国化,更不能拉美化,必须要保证家庭在农业现代化过程中的主体经营地位。目前,在有条件的地方可以发展一些专业大户、家庭农场、农民专业合作社等多种形式的适度规模经营方式。但是,在现阶段土地流转的过程中,要防止工商企业长时间、大面积地兼并农民的土地。

(韩俊　国务院发展研究中心副主任)

张红宇：

把握大国农业特征 改善宏观调控体系

我国是农业大国，只有准确把握我国大国农业的基本特征，有针对性地加强和改善宏观调控，才能在工业化、城镇化深入发展中同步推进农业现代化。我国农业之大，在于供求规模大、区域差异大、农业人口规模大。大国农业所具有的特征，对农业宏观调控的理念、对象、手段、视野、能力等提出了新要求。

我国是农业大国，在当前我国由传统农业向现代农业转变的关键时期，只有准确把握我国大国农业的基本特征，有针对性地加强和改善宏观调控，才能在工业化、城镇化深入发展中同步推进农业现代化。

我国农业之大，在于供求规模大、区域差异大、农业人口规模大。大国农业所具有的特征，对农业宏观调控的理念、对象、手段、视野、能力等提出了新要求。

宏观调控理念要转变。一是由重管理向重服务转变。农业宏观调控应体现建设服务型政府的要求，着力提高农业公共服务能力，完善农业支持保护体系，加强农产品市场监管，为农业发展创造良好外部环境。二是调控目标更加多元化。现代农业宏观调控的目标已由保障农产品供给扩展到提高土地产出率、劳动生产率、资源利用率以及增强农业综合生产能力、抗风险能力、国际竞争能力。

宏观调控对象要拓展。随着农业功能的拓展和产业体系的完善，农业宏观调控对象迅速增多。从产业主体来看，现在种养大户、农民专业合作社、龙头企业、社会化服务组织等新型经营主体成为重要的宏观调控对象。从产业类型来看，过去的宏观调控对象主要是农、林、牧、渔业，现在则涵盖农产品加工、农村休闲旅游、农村可再生能源开发、农业面源污染防治等新兴产业。从产业环节来看，过去宏观调控对象主要是生产环节，现在已扩展到市场流通、质量监管、社会化服务、节能减排等诸多产前产后环节。

宏观调控手段要创新。过去农业宏观调控手段主要依靠行政手段，现在随着市场化、法制化的推进，必须更加注重使用经济、法律等手段。保障国家粮食安全，需要增加种粮补贴、提高粮食价格、控制生产成本等经济手段，提高农业生产效益，调动农民种粮积极性；提高农产品质量安全水平，需要完善市场准入制度、加强农产品市场监管等法律手段，形成完善的监控体系；稳定农产品市场价格，需要综合运用价格保护制度、健全市场体系等经济手段和打击投机炒作等法律手段。

宏观调控视野要开阔。一方面，需要更加重视宏观经济形势对农业的影响，特别是随着农产品的金融属性、能源属性日益凸显，货币政策、能源价格、投机资本等因素对农业的影响不断加深，需要调控者密切关注；另一方面，应更多地把我国农业置于全球农业发展大环境中，研究带有全局性、前瞻性的重大问题，巩固和提升我国农业在世界上的地位，使经济全球化更好地服务于我国农业现代化。

宏观调控能力要提高。大国农业的调控者不仅要有服务意识、战略思维、全球视野，还要具备较强的依法行政能力、改革创新能力、产业调控能力、组织动员能力，以及处置突发事件的应急能力。

（张红宇　农业部产业政策与法规司司长）

程国强：

制定农业国际化战略 水稻自给是刚性目标

在中国人多地少、农业资源紧张的基本国情下，需要制定基于全球视野的农业发展战略。中国农业的首要目标是确保国家粮食安全和主要农产品有效供给。而关系到国家粮食安全全局的核心，是坚持水稻等主粮的国内自给。对于水稻而言，必须确定100%的国内自给率，这是一个刚性目标。

加入世贸组织之初，大部分学者都有一个直观的判断，中国农业与澳大利亚、北美、南美这样人少地多的国家地区的农业相比，不具备任何竞争优势，农业问题会很严峻。但加入世贸组织以来，并没有发生国外大宗型农产品涌入国内市场的情况，中国农业也没有遭受毁灭性打击。

之所以出现以上情况，是多方面因素共同作用的结果。比如，在加入谈判中，我们并非放弃了保护，完全对外敞开市场，而是采取结构性保护措施，对关系国计民生的重要农产品争取到了一些保护措施，其中包括对玉米、小麦、水稻等粮食品种进口进行关税配额管理。比如，小麦市场开放限定在960万吨，超过部分要实行40%~80%的高关税。国内小麦产量是1亿吨左右，进口配额是960万吨，若配额全部完成，占不到国内产量的10%。这10年来的实际结果是，小麦生产"八连丰"，总体竞争力逐步提高，国外小麦并没有进入国内市场。因此，我们所承诺的市场准入，实际上提供的只是一个市场机会，能否进入国内市场，还要看国内的供求、价格等商业条件。

在中国人多地少、农业资源紧张的基本国情下，需要制定基于全球视野的农业发展战略。中国农业的首要目标是确保国家粮食安全和主要农产品有效供给。而关系到国家粮食安全全局的核心，是坚持水稻等主粮的国内自给。

对于水稻而言，必须确定100%的国内自给率，这是一个刚性目标。全球可贸易的大米只有3000万吨，不到国内消费量的1/4。显然，即使把全球可贸易的大米都进口过来，也解决不了国内大米的供求平衡问题，而如此的后果将动摇国际市场平衡的根基。这也是日本、韩国死守大米，给予高保护政策的原因之所在。因此，我们必须把水稻作为重点保护对象，加大政策支持力度，进一步增强水稻的竞争力和抗风险的能力。

因此，今后必须继续通过进口油菜子等资源性农产品，来腾出耕地、水资源确保水稻、小麦等主粮生产。

相对而言，全球可供应的小麦、玉米、大豆贸易量及其潜力较大，对小麦、玉米的自给率可根据国内外形势作一些调整。如玉米，目前我国的产量是1.8亿吨左右，但消费需求迅速上升，尤其是用于深加工非食物链的需求快速发展。如果这一势头得不到遏制，将来玉米进口就不可避免。

当然，也需要研究，中国究竟应该有怎样的农产品加工产业发展方式？那么多的粮食进入非食物链，作为能源或者是工业原料，这与中国的基本国情是否相符？中国粮食消费需求还有10~15年的刚性增长，如果不守住耕地红线，不调整农产品加工产业发展方式，确保粮食安全的挑战将更加严峻，有可能会动摇经济社会稳定发展的基础支撑。

（程国强　国务院发展研究中心研究员）

高铁生：
方向不能变 政策待完善

改革开放三十多年的粮食工作，特别是近十年来粮食工作的经验教训告诉我们，在粮食生产和流通中我们必须坚持持续稳定的发展方向，经不起大起大落的“折腾”，不能重蹈“多了砍，少了赶”的覆辙。因为每一次“折腾”都会付出沉重的代价，其中包括挫伤种粮农民的积极性和削弱粮食经营企业的实力。

2009年12月27日至28日召开的中央农村工作会议对保持粮食生产稳定发展的重要性，再一次给予充分肯定和高度重视。中央农村工作会议明确提出，稳定发展粮食生产的信号不能变、要求不能松、支持不能减。这三个“不能”斩钉截铁地表明了中央在错综复杂、纷繁多变的国际经济形势下，确保中国粮食安全的坚定决心。

方向不能变。这既是由中国国情决定的，也是对多年来粮食工作经验教训的深刻总结。中国是一个粮食生产大国，但更是一个人口众多的消费大国。中国的粮食生产资源并不充裕，多种要素都在世界平均水平以下，中国只能主要依靠自身努力，满足国内对粮食的需求。不论连续获得几年的丰收，这种长期的战略格局和奋斗方向是不能有任何动摇的。与此同时，改革开放三十多年的粮食工作，特别是近十年来粮食工作的经验教训告诉我们，在粮食生产和流通中我们必须坚持持续稳定的发展方向，经不起大起大落的“折腾”，不能重蹈“多了砍，少了赶”的覆辙。因为每一次“折腾”都会付出沉重的代价，其中包括挫伤种粮农民的积极性和削弱粮食经营企业的实力。

政策待完善。三个“不能”主要是稳定发展粮食生产的方向、决心和力度的重申和宣示。在这个大前提下，并不排除各种具体的政策措施有必要继续充实和完善。近些年来，我们在争取粮食产量和供给的增长方面采取的一系列政策，应当说达到了预期的目的，各种性质的粮食储备也得到相应的补充。但是，粮食安全和市场稳定不仅仅取决于数量，也有赖于质量与结构。我们的各项政策包括价格政策是否在促进产量和供给增加的同时，也做到了提高粮食质量并使粮食结构更加合理。这是需要认真考虑解决的一个问题。

在政策完善方面，也存在成本和效益的关系问题，即政策的“含金量”是否用到点子上，是否使目标对象充分受益最大限度地减少或避免了不必要的损耗。

此外，还应注意中央政策是否有利于调动地方积极性的问题。但是，由于利益驱动不同，地方更倾向于把粮食安全的责任推给中央。因此，完善各项粮食政策时，应当有必要抑制某些地方在这方面的“卸责”和“懒政”。真正做到三个“不能”，不仅是中央的决心和立场，也是地方的态度和作为。

当然，让政策完全体现和强化中央秉持的大方向，而又在实际工作中取得更好的效果，是一件很不容易的事情。在这方面展开充分的讨论，进而慎重决策，尤为重要。

（高铁生　原中国储备粮管理总公司总经理）

万　钢：
生物技术是战略产业

生物技术为解决粮食、医疗、能源和环境等领域的重大问题奠定了基础，并为现代生物产业发展提供了广阔空间。即使在经济危机的严峻形势下，主要发达国家不但没有减少对生物技术研发的资助，反而加强了对这一领域的支持。历史上中国曾数次与科技革命失之交臂，这一次我们一定要迎头赶上。

万钢发表在《求是》中的文章《把握产业调整机遇　培育发展战略性新兴产业》传递了这样一个信息：大力发展主要农作物转基因新品种，实现规模化种植，大幅度提高农业综合生产能力，是提升国家竞争力、掌握未来发展主动权的必然要求。

2010年年初，转基因粮食安全话题再度升温。国家科技部门的最高领导人选择在这样一个敏感时期发表看法，对转基因作物工作者来说，无疑是一个很大的支持。

万钢的这篇文章，用了相当的篇幅阐释发展生物技术产业的必要性。万钢在文章中说，即使在经济危机的严峻形势下，主要发达国家不但没有减少对生物技术研发的资助，反而加强了对这一领域的支持。

万钢在文章中将生物技术产业列为国家将要积极发展的战略性新兴产业之一，并高度评价生物技术在提升国家竞争力方面的重大作用。万钢在文章中说，生物技术为解决粮食、医疗、能源和环境等领域的重大问题奠定了基础，并为现代生物产业发展提供了广阔空间。

目前，全球生物技术产业销售额每五年翻一番，年增长率为25%~30%。万钢因此多次在不同高端场合力挺生物技术。2009年7月24日，万钢在国务院发展研究中心"双月学术报告会"上，将生物技术和生物经济列为未来将会产生重大影响的技术和经济形态。在这次报告会上，这位科学家出身的高官疾呼，历史上中国曾数次与科技革命失之交臂，这一次我们一定要迎头赶上。

万钢分析，我国人均耕地不到世界平均水平的40%，且中低产田占总面积的2/3以上，农业劳动生产率仅相当于国内第二产业劳动生产率的1/8左右和第三产业劳动生产率的1/4左右。然而，农业不仅要解决13亿人口的吃饭问题，还要满足工业原料、城市建设用地不断增加的需求，资源约束更加突出。面对诸多挑战，传统农业增长方式已无法应对，必须改造传统农业，走现代农业之路。

万钢十分看好生物技术的前景。2009年10月24日，在上海举行的"浦江创新论坛"上，万钢透露，中央财政对于重大科技发展专项的预算在600亿元左右，今后几年其带动的相关产业产值则高达6000亿元。这表明中国绝对不会错过这一重大战略机遇期。

（万钢　全国政协副主席、科学技术部部长）

鲁晓东：
最低收购价政策需要继续坚持

一项政策是对还是错、是好还是坏，关键是看政策执行的效果。实践表明，最低收购价政策显然有利于保护农民种粮的利益、促进粮食生产的发展，有利于粮食市场的稳定，有利于国家的粮食安全。总结这几年的执行经验，这项政策需要坚持，但还要进行调整，在调整中加以完善。

自2004年最低收购价政策施行以来，我国粮食连续7年增产，粮食供求出现了一些新的变化，加之政策执行中也出现了一些新的情况，社会各界对最低收购价政策更加关注。是否继续坚持下去，各方看法不一，有赞成的，也有反对的。

笔者认为，最低收购价政策既坚持了市场化的原则，又注重发挥国家宏观调控作用，较好地实现了市场调节与宏观调控的有机结合，是目前适合我国粮情的粮食收购政策。

最低收购价政策是政府对市场价格调控的手段，是对市场机制的补偏纠弊。最低收购价政策在品种安排上限定于小麦、稻谷，在区域安排上限定于6个小麦主产省、11

个稻谷主产省区，在执行时间安排上一般集中在新粮上市后的2至4个月，并且最低收购价政策是由指定具备资格的企业执行的，而不是所有的粮食企业。由此可见，最低收购价政策的核心是托市，而不是无限的敞开收购，目的是通过托市促进粮价回升到最低收购价之上。

笔者认为，一项政策是对还是错，是好还是坏，不是靠人议论的，关键是看政策执行的效果。

从7年来政策执行的效果看，一是最低收购价政策有效保护了粮食主产区的农民利益，大大调动了农民种粮的积极性，实现了中央提出的促进粮食增产和农民增收的政策目标。二是最低收购价政策有效稳定了粮食市场价格。国家对最低收购价粮食在粮食批发市场上实行竞卖机制，适时投放市场，保证市场供应，调节市场供求，实现了国内粮食市场价格的稳定。三是国家调控粮食市场的能力增强。国家通过最低收购价收购粮食，然后进行市场竞价销售以及跨省调拨，大大增强了中央政府对粮食市场的调控能力。面对2007年至2008年上半年全球性粮价波动，国内粮食市场能保持稳定以及应对国际金融危机，最低收购价政策所起的作用是功不可没的。

7年来的实践表明，最低收购价政策显然有利于保护农民种粮的利益、促进粮食生产的发展，有利于粮食市场的稳定，有利于国家的粮食安全。既然符合“三个有利于”的要求，那么我们还有什么理由再去“折腾”政策的调整呢?当然，正确的政策并不是说就是完美无缺的政策。总结这几年的执行经验，这项政策需要坚持，但还要进行调整，在调整中加以完善。

（鲁晓东　中国储备粮管理总公司山东分公司副总经理）

包克辛：

提高终端调控能力 减少市场波动风险

粮食市场稳定是宏观调控的重要目标。要防止“谷贱伤农，米贵伤民”，稳定发挥“丰则贵籴，歉则贱粜”的作用，必须提高中央储备粮市场化条件下的反制能力，必须健全从田间到餐桌粮食流通主导产业链，针对重要销区大中城市群构建成品粮油加工供应保障体系，提搞调控终端市场能力，减少因链条不完善导致的调控作用衰减和市场波动风险。

目前，我国中央储备粮垂直管理体系已运行了10年。这期间，中央储备粮经营管理状况发生了翻天覆地的变化，垂直管理体系政令畅通、步调一致、雷厉风行，经过这些年执行宏观调控任务和应对各类突发事件的考验，逐步锤炼出一支具有强烈责任意识和大局意识的“铁军”，成为国家粮食宏观调控体系的中坚力量。

2006年年初，国务院领导再次对中央储备粮工作作出重要指示，即“维护农民利益、维护粮食市场稳定、维护国家粮食安全”，成为新形势下中国储备粮管理总公司的企业宗旨 实践证明，只有牢固树立国家利益至上、社会效益优先的宗旨意识，做到政府满意、农民满意、社会满意，中国储备粮管理总公司才能不断增强在国家经济运行中的活力、影响力和保障力。

2010年5月18日是中国储备粮管理总公司成立10周年的日子。在10年发展的起点上，中国储备粮管理总公司必须深刻认识服务“三农”、落实宏观调控意图、保障国家粮食安全与企业自身发展需求的内在一致性，找准结合点，探索实现路径，成为忠于国家利益、承担社会责任的顶梁柱。这既是中国储备粮管理总公司事业可持续发展的战略选择，也是进一步完善我国粮食安全保障体系的必然要求。

维护粮食市场稳定与国家粮食宏观调控意图一致。粮食市场稳定直接影响经济发展和社会安定，是宏观调控的重要目标。要防止“谷贱伤农，米贵伤民”，稳定发挥“丰则贵籴，歉则贱粜”的作用，必须提高中央储备粮市场化条件下的反制能力，必须健全从田间到餐桌粮食流通主导产业链，针对重要销区大中城市群构建成品粮油加工供应保障体系，提高调控终端市场的能力，减少因链条不完善导致的调控作用衰减和市场波动风险。

维护国家粮食安全与实现经济社会平稳较快发展的要求一致。市场化条件下，维护国家粮食安全必须依靠具有市场活力、影响力和保障力的大型粮食企业。中央企业作为国有经济中的排头兵，不仅要增强核心竞争力，而且需要服务地方经济社会发展，发挥区域经济集聚效应，与各类市场主体互利共赢、携手发展。这些年，民营企业和地方粮食企业通过发展已形成了一定规模，中国储备粮管理总公司可以在跨区域提供粮源和产业链上下游协作等方面与之开展合作、取长补短，为国家粮食长远安全奠定坚实基础。

（包克辛　中国储备粮管理总公司总经理）

郭　玮：
农机化发展面临历史机遇

农村社会变革为农机化发展提供了巨大的需求空间。大量农村劳动力向工业和城镇转移，大大改变了农村的人口和社会结构，青壮年劳动力特别是从事农业生产的青壮年劳动力急剧减少，农业劳动力短缺的问题将继续存在，越来越多的农业生产作业需要农机来完成，这给农机推广提供了巨大的需求空间。

近几年是我国农机化（农业机械化）发展最快的时期，也是成效最好的时期。农机数量的快速增加、农机质量的大幅提高、农机作业覆盖领域的不断拓展，不仅对促进农业连续增产和农民持续增收作出了重要贡献，而且对保持国民经济平稳较快发展发挥了积极的作用。目前，我国正处在工业化、城镇化快速推进的重要时期，正处在农业现代化加快发展的关键时期，农机化发展面临着难得的历史机遇。

农村社会变革为农机化发展提供了巨大的需求空间。大量农村劳动力向工业和城镇转移，大大改变了农村的人口和社会结构，青壮年劳动力特别是从事农业生产的青壮年劳动力急剧减少，农业劳动力短缺的问题将继续存在，越来越多的农业生产作业需要农机来完成，这给农机推广提供了巨大的需求空间。

现代农业建设为农机化发展提供了强劲动力。农业要不断提高产量，要不断提高质量，要适应多样化的需求，这对农业的标准化、精准化，对农业的生产规模、生产效率，都提出了更高的要求。大规模的农田设施建设、短暂农时的抢收抢种等越来越多的农业生产必须依靠农机作业来完成。现代农业的不断推进，将给农机化发展带来持久的推动。

制造业水平提升为农机化发展提供了坚实基础。在工业结构调整和振兴中，我国的制造业水平显著提高，技术、资金、智力密集程度以及产业竞争能力都大幅提升，这为农机工业发展打下了深厚的物质和技术基础。近两年，即使在国际金融危机严重冲击下，我国农机工业保持了良好的增长态势，农机工业增加值和出口额的增长都位居机械工业前列，一大批适应中国国情特点的农机产品受到农民的青睐。

国家政策支持为农机化发展提供了良好的环境。我国在产业振兴规划中，不仅把促进农机工业发展放到了重要位置，而且不断扩大农机补贴规模。2009年中央财政农机具购置补贴已达130亿元，这大大降低了农户的农机购买力和使用成本，极大调动了农民的积极性。

在我国的经济发展中，农机从来没有像今天这样被农民所渴盼，农机作业从来没有像今天这样被生产所需要，农机制造从来没有像今天这样被现代技术所支撑，农机购买从来没有像今天这样被国家政策所鼓励。农机化正保持着难得的良好推进势头，也面临着难得的历史机遇。

（郭玮　国务院研究室农村司司长）

马万杰：民族种业不能受制于人

国以民为本，民以食为天，食以种为先。一粒种子可以改变一个世界，一粒种子也可以击垮一个产业，甚至危及一个国家的粮食安全。就像工业领域的核心技术一样，如果我们不能培育出具有自主知识产权的优良新品种，就很可能受制于人。因此，打一场种业科技的"翻身仗"，已迫在眉睫。

"全球谷物与蔬菜种子巨头孟山都公司曾多次派人来河南省农业科学院洽谈，想要收购'郑单958'等优良品种，都被我们拒绝了。"马万杰语气坚定地说，"民族种业不能受国外控制，这是底线。"

在马万杰参加的几次国内农业工作会议上，ADM等几大国际粮食巨头近年来大举进军中国粮食市场，严重威胁我国粮食安全，已成为与会者讨论的热点话题。例如：2004年大豆危机事件后，国内整个大豆产业链被跨国企业控制，由此造成了连锁式的隐患；2007年国内猪肉价格上涨，直接诱因就是豆粕等饲料价格上涨；我国的高端蔬菜种子已被国外垄断，卖方通过生物技术对种源进行了控制。

国以民为本，民以食为天，食以种为先。一粒种子可以改变一个世界，一粒种子也可以击垮一个产业，甚至危及一个国家的粮食安全。

农业发展离不开科技的支撑，作物品种的改良提质、更新换代更是如此。联合国粮农组织的研究表明，未来国际粮食总产量增长的20%依靠面积的增加，80%依赖于单产水平的提高，而单产的60%~80%又来源于良种的科技进步。但是，我国种业产业化起步晚，市场化改革只有10年时间，一时还无法同实力雄厚、成功实现商业化的跨国大公司抗衡竞争，面临的形势十分严峻。

就像工业领域的核心技术一样，如果我们不能培育出具有自主知识产权的优良新品种，就很可能受制于人。因此，打一场种业科技的"翻身仗"，已迫在眉睫。

如何抵御国际巨头？"首要的是加强科研，培育出更多有实力的农作物新品种。"马万杰说，"这些品种我们宁可少赚一些，也要授权给国内种业开发。同时，做大做强自己的种业公司。"马万杰透露，河南省农业科学院下属种子公司的注册资金已由3000万元增至1亿元。

马万杰提醒国内种业同行："一是增强知识产权保护意识，二是提高品种权益人的待遇。像'郑单958'的培育者堵纯信，2008年河南省农业科学院一次按品种收益权的30%给他兑现了100万元奖励，而且是年年结算。只有这样才能保护我们的人才和技术不外流。"

（马万杰　河南省政协常委、河南省农业科学院院长）

矫梅燕：变“靠天吃饭”为“看天管理”

要真正面向农民，发展具有地方特色的农业气象服务，开展针对不同农事季节的农用天气预报，指导农民的农业生产活动由“靠天吃饭”向“看天管理”转变；结合各地的农业生产布局，发展专项气象服务；适应农业生产方式的转变，建立面向农村种植大户、农业生产企业的新型气象服务模式。

农业是受气象灾害影响最为敏感的行业。面对农业农村发展的新形势和新要求，气象为“三农”服务的任务越来越重，难度越来越大，要求越来越高。农村气象灾害防御仍然是整个防灾减灾工作的“短板”，滞后于农村经济社会的全面发展。

健全农业气象服务体系要符合现代农业发展方向，适应稳定农业生产，保障国家粮食安全、农业防灾减灾，应对气候变化的需求。

我国地域辽阔，气象条件差异性大，农业生产的区域性、特色性较强，发展优质、高产、高效、生态安全的现代农业需要符合地域特点的、更加精细化的气象条件作保障。

在全球气候变暖的情况下，气象条件对农业生产的影响也呈现出新的特点，只有加快健全农业气象服务体系，合理开发利用气候资源，优化农业生产布局，才能逐步适应气候变化。因此，有必要认真研究气候变化对我国农业生产的利弊影响，开展精细化的农业气候区划，准确把握不同地区农业气候资源条件和农业生产的适应性，为科学规划农业生产布局、合理调整种植结构提供决策支撑；开展农业气象灾害的风险区划，为提高农业气象灾害的风险防范和风险管理提供支撑。

要真正面向农民，发展具有地方特色的农业气象服务，开展针对不同农事季节的农用天气预报，指导农民的农业生产活动由“靠天吃饭”向“看天管理”转变；结合各地的农业生产布局，发展适合“一乡一品、一县一业”的特色农业、设施农业的专项气象服务；适应农业生产方式的转变，建立面向农村种植大户、农业生产企业的新型气象服务模式。

我国是典型的季风性气候国家，气象灾害种类多、分布广、影响重，由此造成的粮食减产幅度可达10%~20%。因此，保障国家粮食安全需要不断提高农业抗御各种气象灾害的能力，发展防灾减灾气象服务。

立足于提高农业抗御各种气象灾害的能力，开展重大农业气象灾害的监测预警、影响评估，建立气象灾害早期预警与防范应对的联动机制，促进农业减灾增收。

高度重视气象灾害多发、频发对农业生产的严重影响，实现人工影响天气由应急型向主动防御型的转变。加强农业气象实用技术的研究，推进适应气候变化的品种改良和耕作方式变革，提高农业趋利避害的能力。

（矫梅燕　中国气象局副局长）

白美清：
小麦粉加工业亟待转变发展方式

转变发展方式涉及一系列根本问题，是一个系统的工程，要从行业和企业的实际出发，抓住重点，稳步前进。企业在发展中要优化产品结构，实施名牌工程，要十分关注面粉和面食添加剂的使用，保障食品安全。企业要对小麦深度加工、综合利用，使小麦的每个部分都得到充分利用。

“中国小麦粉加工业的当务之急是要着力转变企业发展方式”。白美清在中国小麦年会上表达了自己的担忧。

小麦是我国三大主粮之一，年产量在1.1亿吨左右，占粮食总产量的40%多，全国40%以上的人口以它为主食。白美清说：“小麦粉的生产与供应，是国家粮食安全保障体系的重要环节，在当前粮食处于紧平衡的新阶段显得尤为重要。”

近年来，党中央制定了立足国内解决粮食问题的方针，小麦粉加工业作为粮油加工业的重要组成部分，更要立足国内、以我为主。但目前，小麦粉加工业仍是我国粮油食品加工体系中的薄弱环节。

白美清强调，目前我国正式注册的小麦加工厂有4万家，但是企业“大而不强，小而不精”的状态仍普遍存在。产品品种单一，科技含量低，附加值不高，深度加工不够，综合利用少，环境保护差，经济实力和竞争能力缺乏，这种状态亟待改善。

在中国，小麦加工业不仅要面对国内市场的竞争，而且还要面对国际市场的大粮商、跨国公司的竞争。白美清说：“今后几年是一个很关键的时期，小麦粉行业面临大洗牌、大调整，未来小麦粉市场竞争将趋向白热化。”

白美清指出，我们的企业要有紧迫感、使命感。企业想发展，就要探索绿色、生态、可持续、得实惠的路子。要转变发展方式，才能在竞争中发展壮大，立于不败之地。

白美清表示，转变发展方式涉及一系列根本问题，是一个系统工程，要从行业和企业的实际出发，抓住重点，稳步前进。企业在发展中要优化产品结构，实施名牌工程，要十分关注面粉和面食添加剂的使用，保障食品安全。企业要对小麦深度加工、综合利用，使小麦的每个部分都得到充分利用。另外，有条件的企业要向产业链、流通链延伸，建立从生产到加工、从物流到消费、从田间到餐桌的全产业链，这是大型企业形成、发展的必由之路。

最后，白美清强调，转变发展方式，关键在于“创新驱动、内在生长”。在转变过程中，企业一定要以创新为灵魂，要适应新科技革命的大好形势，把科技创新成果引入到生产中，使之转化为现实生产力。企业要有自己的核心技术、产品专利，这样才能形成核心竞争力，才有可能成为“恒星”，长久不衰。

（白美清　中国粮食行业协会会长）

刘维佳：

农村生产关系新萌芽值得特别关注

农村生产关系新萌芽值得特别关注。对于农村新生产关系的发育，无论是体制的内生要素、体制外的植入要素，还是体制内外互动的要素，我们应该以积极的态度来认识，并给予正确的引导和规范，但不要急于求成，亦不可一哄而起，要顺势助推。特别是在农村生产关系上，允许大胆实践和探索，允许形式多种多样。

这些年来，农业生产力有了很大的发展，农村生产关系也产生出一些预示未来的新萌芽。尽管这些新萌芽还很稚嫩，不太成熟，但其生命力不可低估，发展方向值得特别关注。

一是土地经营大户应运而生。这是农户间生产要素的整合集中，具有鲜明的自发性和必然性。这种生产关系的新萌芽没有动摇土地家庭承包制，但实现了土地等农业生产要素的高度集中，是土地家庭承包制体制内高度放量的“升级版”。

二是农民经纪人日趋活跃。这是以农民为主体的、以搞活农产品流通为主要功能的、最具活力的一种内生性的农村生产关系。对于农民经纪人，虽有一些争议，但其作用是非常重要的，这个群体的出现反映了农村生产关系在流通领域内的阶段性特征。

三是工商资本进入农业农村。这是一个敏感的问题,也是一个不容回避的现实。坦率地讲,工商资本最感兴趣的还是土地寻租,特别是那些不规范的土地流转,不排除工商资本对圈地的冲动。还有公司化经营土地,包括以企带村、村企合一等形式。这就是在体制外形成的一种新的农村生产关系,既有现实需求,也有长远隐忧。

四是农民合作社方兴未艾。某种意义上,这是一种新的规模经营道路、新的合作化道路,走的是螺旋式上升的路径,不是简单的回归。遗憾的是,缺少金融合作功能,有较大的局限性,有的地方是拔苗助长,使合作社变了味。尽管如此,农民合作社无疑是农村新的生产关系最重要的载体和平台。

五是土地股份制浮出水面。土地入股受到了一些农民的欢迎,因为土地的物权不变,农民继续拥有基本的生活保障,入股经营或入股合作经营直接实现了土地规模经营,在把农民从土地上解放出来的同时,也提高了土地利用效益。

对于农村新生产关系的发育,无论是体制的内生要素、体制外的植入要素,还是体制内外互动的要素,我们应该以积极的态度来认识,并给予正确的引导和规范,但不要急于求成,亦不可一哄而起,要顺势助推。特别是在农村生产关系上,以不从根本上动摇土地家庭承包制为前提,不瞎折腾、胡作秀,不人为地设禁区,不阻碍新萌芽的产生,允许大胆实践和探索,允许形式多种多样。做到这“三不、两允许”,农村生产关系的演变就会不断地适应农村生产力的发展，农村改革发展的第二次飞跃——土地规模经营就大有希望。

（刘维佳　山西省副省长）

董玉华：
金融服务缺位　难言现代农业

我国农业总体上还是处于传统农业阶段，必须通过发展现代农业转变农业增长方式，走高产、优质、高效农业道路，推进传统农业向现代农业过渡。现代农业的发展离不开资金的支持，没有现代化的金融服务，发展现代农业就是一句空话。与传统农业相比，现代农业对金融服务的要求更高。

现代农业的核心是科学化，特征是商品化，方向是集约化，目标是产业化，既要提高劳动生产率，又要提高土地生产率；既要实现农业机械现代化，又要实现生物技术现代化。

目前，我国农业总体上还处于传统农业阶段，必须通过发展现代农业转变农业增长方式，走高产、优质、高效农业道路，推进传统农业向现代农业过渡。现代农业的发展离不开资金的支持，没有现代化的金融服务，发展现代农业就是一句空话。与传统农业相比，现代农业对金融服务的要求更高。

现代农业要求的金融范围有所扩大。传统农业主要集中在产业链的起点和价值链的低端,金融服务主要在于满足农业生产的季节性资金需求。而现代农业是“种养加”、“产供销”和“贸工农”一体化的,农工商联系更加紧密,这必然要求金融服务范围从传统农业生产扩大到农产品加工流通,农机、农资生产销售,农业科技研发和推广等各个环节,覆盖整个价值链和产业链,因此为之服务的金融产品必须多样化,服务必须综合化,并将业务范围扩大到保险、农产品期货、证券等金融领域。

对资金的数量要求和效率要求提高。现代农业不同于传统农业的特点在于其资本密度将明显上升。一些大中型灌溉设施建设、大中型农田水利建设的资金需求较大,农业的产业化、规模化对资金的需求也较大。土地流转带来的农业适度规模经营是提高农业产出和收益的途径,这必然导致支持农业金融资金流的变化。

我们要研究现代农业对资金需求的特点, 设立需求导向型的农村金融供给制度。农村的资金有必要实施封闭运行,防止被抽逃到城市,特别是发达的城市。因此,有必要借鉴美国的《社区投资法》,用制度和法规保证农业农村资金的封闭运行。

银行要把握现代农业的发展规律,根据农业的生产周期,合理确定信贷期限和风险管理要求。比如,印度银行就是根据农业的生产周期来确定信贷的发放期限。我国银行采用年初发放贷款、年末收回贷款的传统惯例,容易因信贷期限设置不符合农业生产周期规律使得贷款不能按时收回,出现不良资产,进而导致对农业信贷资金投入的约束。

现代农业涉及生产技术、市场信息、经营形式、资本运作方面的知识,对银行的信贷、风险管理等领域的从业人员也提出了更高的要求。

（董玉华　中国农业银行内蒙古分行副行长）

万宝瑞：确保粮食安全应立足于基本自给

作为拥有13亿人口的大国，确保粮食安全应立足于基本自给。保持中国粮食基本自给必须坚持两大原则：一是粮食总产量增长的速度必须大于人口增长的速度，保持人均占有量不下降并有所提高；二是粮食单产提高的幅度必须大于粮食播种面积减少的幅度，保证粮食产量不下降并逐步增长。

万宝瑞在重庆表示，世界粮食供给总体上趋于紧张，中国要确保本国的粮食安全，不能寄托于国际市场，应立足于基本自给，且自给率应达到95%以上。

万宝瑞分析，世界粮食供给总体趋于紧张，特别是从2006年下半年开始，全球粮食价格持续上涨，不断地突破历史高位，最后演化成为2008年席卷全球的粮食危机。分析世界粮食危机产生的原因，供求关系的变化是导致粮食危机的根源。

万宝瑞表示，就中国而言，粮食供求偏紧与适当进口是中国粮食在相当长时期内的总趋势，然而从国外的经验和教训可以得知，作为拥有13亿人口的大国，确保粮食安全应立足于基本自给。

万宝瑞认为,保持中国粮食基本自给必须坚持两大原则:一是粮食总产量增长的速度必须大于人口增长的速度,保持人均占有量不下降并有所提高;二是粮食单产提高的幅度必须大于粮食播种面积减少的幅度,保证粮食产量不下降并逐步增长。

万宝瑞强调,农业和粮食问题不能忽视。因为粮食既是农产品,也是经济、社会、文化和生态文明融为一体的综合性产品。农业具有食品保证、生态保护、观光休闲、文化传承等功能,粮食具有保护自然、稳定生态、促进人与自然和谐发展的功能。

大豆是我国重要的油料作物和植物蛋白的主要来源，是不可替代的战略性保障物资。但近10年来,我国大豆产业一直徘徊不前。在国内大豆需求急剧增长时,国内大豆生产却出现了滑坡;在国际市场豆油价格不断攀升时,国内大豆价格却一直低迷。万宝瑞在《求是》杂志上撰文指出,经济社会的发展迫切需要我们创新思路,振兴大豆产业。

在万宝瑞看来,我国大豆产业之所以徘徊不前,问题不在于家庭经营本身,而在于农户之间缺乏协作与联合;问题不在于大豆加工企业追求利润,而在于大豆加工企业之间以及大豆加工企业与农户之间缺乏利益共享、风险共担的运行机制。大豆产业急需“组织化”,发展专业合作社,并与专用产品加工企业形成产业化经营。

万宝瑞还指出,我国大豆产业发展应扬长避短,走特色化之路。相对于进口大豆来说,我国大豆的优势在于适宜加工成食用豆制品,具有良好的生态条件,属于高蛋白和非转基因产品。国内生产加工企业应利用这一优势，建立我国大豆产地标志体系。

（万宝瑞　农业部原常务副部长、中国大豆产业协会会长）

翁伯琦：

借力循环经济 加速传统农业升级

传统农业如何改造与提升？现代农业怎样创新与提质？就此必须研究新模式、探索新技术、构建新体系。循环农业的应运而生，为推动资源节约型与环境友好型的高优农业开辟了新途径。发展循环农业要围绕高效优质与环境友好的目标，切实把握好四项原则，即适量投入、高效利用、优化循环、合理调控。

由农业部规划设计研究院编制的《现代循环农业创新基地建设总体规划》通过了来自国家发改委、科技部、农业部等部门的专家论证。

在贯彻落实科学发展观的热潮中，传统农业如何改造与提升？现代农业怎样创新与提质？就此必须研究新模式、探索新技术、构建新体系。循环农业的应运而生，为推动资源节约型与环境友好型的高优农业开辟了新途径。

循环农业的发展仍处于不断完善的阶段，突出问题是：资源浪费现象普遍存在，综合利用率低；产业内部结构不尽合理，产业间耦合程度低，难以构建完整的循环农业产业链；粗放型增长方式仍存在，科技贡献率较低，尤其是实用技术还有待创新和突破；缺乏发展循环农业机制，优惠政策尚少，现有的激励政策体系尚不健全，前瞻性和预测性不够，操作性不强，相关的配套措施不到位，缺乏必要的强制性标准、规模开发模式和技术评价体系，政策引导与监督执行的脱节现象仍不同程度存在。

发展循环农业要围绕高效优质与环境友好的目标，切实把握好四项原则，即适量投入、高效利用、优化循环、合理调控。就实践运作而言，要把握好五个环节，以求有序推动循环农业发展：

其一，结合生产实际，研发适宜的减量化技术。循环农业的发展依然需要投入，但必须讲求适量。倡导适量化就是合理减量，讲求提高利用效率，这无疑是循环农业的核心技术之一。

其二，发挥产业优势，开发废弃物资源化技术。人们认为，废弃物质也是资源，合理用之则是宝，随意弃之则有害，关键在于怎么用好它。这恰恰是循环农业的重要内涵所在。

其三，突出区域特色，构建循环利用运作模式。形成一批立体种养开发模式、农牧结合生产模式、循环渔业经营模式、流域综合治理模式、设施生态农业模式以及观光生态农业模式等，增加农民收入，提高利用效率，改善农业生产和农村生活环境。

其四，突出绿色生产，推广清洁化的生产标准。不仅要关注有益物质资源的循环利用，而且要防控有害物质二次污染蔓延与危害，着力变废为宝，降低风险，使若干有害物质在循环利用过程中得以降解、优化分配、合理疏通、化害为益。

其五，着力科技创新，实施强有力的配套措施。要建立循环农业产业园区，优化农副产品加工过程，构建农菌结合开发模式。

（翁伯琦　福建省农业科学院副院长）

刘 宁：提高水利减灾能力 保障粮食安全

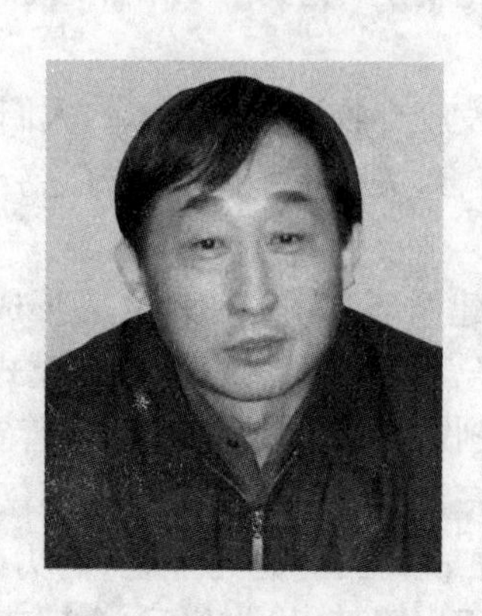

提高节约用水能力是提高水安全保障能力和粮食安全保障能力的有效途径。推广节水灌溉是提高节约用水能力的重要内容之一，在同样粮食产量任务下，加强水利基础设施建设，推广节水灌溉会大大降低保障粮食安全所需要的水资源量，从而大大增加抗击灾害风险能力，提高粮食安全保障程度。

受全球性气候变化影响，近年来，我国极端天气事件明显增多，水旱灾害的突发性、反常性、不可预见性日显突出。这些都对水利减灾工作提出了巨大挑战。因此，要坚持可持续发展治水思路，以人为本，人水和谐，努力提高科学防御水旱灾害的能力和水平，为推进资源节约型、环境友好型社会建设提供保障。

饮水安全和粮食安全是经济社会可持续发展的基础，是建设“两型社会”最基本的要求，也是建设“两型社会”首先要完成的根本任务。干旱灾害一般具有持续性，且严重威胁着饮水安全和粮食安全。如2010年上半年，我国西南地区发生特大干旱，云南省有900多万人发生饮水困难，800多万人需要口粮救助，当地经济社会发展受到严重影响。

提高水利减灾能力，必须坚持以人为本和人水和谐的防御思路，坚持统筹兼顾和蓄泄兼筹的防御战略，坚持应急管理与风险管理相结合的防御方法，坚持工程措施和非工程措施并举的防御手段，坚持工程系统多目标运用的防御调度，坚持使用现代创新发展的防御技术，大力提高防洪除涝减灾能力，为“两型社会”建设提供保障，促进经济社会可持续发展。

节约用水是“两型社会”建设的一项重要任务，提高节约用水能力是提高水安全保障能力和粮食安全保障能力的有效途径。推广节水灌溉是提高节约用水能力的重要内容之一，在同样粮食产量任务下，加强水利基础设施建设，推广节水灌溉会大大降低保障粮食安全所需要的水资源量，从而大大增加抗击灾害风险能力，提高粮食安全保障程度。

随着经济社会的发展，未来工业化、城镇化过程中对水资源的需求量日益增长，如果无节制用水，不对排水加以有效管理，大量的河湖资源将被污染、破坏，一旦超出其承载力，水生态环境、河湖健康将被破坏或得不到保障，这是“两型社会”所不允许的。这就是说，“两型社会”建设不仅要提高水利减灾能力，还要提高水利防灾能力；不仅要提高灾害出现时减轻灾害影响的水平，还要提高防患于未然的水平，要未雨绸缪，以工程和非工程的措施不断提高预防水生态环境破坏的工作水平，进一步提高水生态环境的保护能力。

总之，建设“两型社会”和水利减灾关系紧密、相辅相成，都是推进经济社会可持续发展、加快经济发展方式转变的重要内容和重要支撑，因此要大力提高水利减灾能力，推动整个社会走上生产发展、生活富裕、生态良好的文明发展道路，为全面建设小康社会提供支撑和保障。

（刘宁　水利部副部长）

韩长赋：
转变农业发展方式 增强农业核心竞争力

在我国工业化、城镇化加速推进期，只有加快农业发展方式的转变，才能有效保障国家粮食安全和经济安全。只有充分利用“两种资源、两个市场”改善要素结构，提高资源配置效率，大力提高农业科技自主创新能力，推动产业结构优化升级，才能增强我国农业的核心竞争力，在激烈的国际竞争中赢得主动。

近年来，我国粮食生产连年获得丰收，粮食产量连创新高，农业发展取得了举世瞩目的成就，但也面临着诸多困难和挑战。如何转变农业发展方式，在确保粮食稳产的同时调整农业产业结构，推动农村经济持续稳定发展，亟待我们深入研究，采取更为有力的措施。

加快转变农业发展方式，有利于巩固农业基础地位，推进农业现代化；有利于扩大国内需求，缩小城乡差距；有利于应对国际市场挑战，增强农业竞争力；有利于突破资源环境约束，实现可持续发展。

2008年我国人均国内生产总值超过了3000美元，这是经济发展阶段的重要分水岭。从国际经验来看,这一时期既是农业现代化建设的重要机遇期,也是农业发展的风险期。美国、西欧各国在进入这一时期后,都注重农业发展方式的转变。因此,在我国工业化、城镇化加速推进期,只有加快农业发展方式的转变,才能有效保障国家粮食安全和经济安全。

目前,我国农村消费较为滞后,农村消费水平低,其根本原因是农民收入水平不高。传统农业经营方式很难大幅度提高劳动生产率,无论是增加农民的农业收入,还是促进农村劳动力稳定转移就业,拓宽农民的非农业收入来源,都迫切需要加快农业发展方式的转变。

我国农业面临着激烈的国际竞争,国外低价农产品的进口压力始终存在。当前,发达国家正在大力推动农业尖端科技的研发应用,跨国公司正在加快产业布局和资本渗透,在种业等关键领域抢占发展制高点,给我国农业产业安全带来新的风险。特别是这次国际金融危机爆发以来,发达国家不仅没有放松农业,反而把转变农业发展方式、提升农业发展水平作为克服危机的重要战略,在新能源、低碳经济等领域培育新的经济增长点,这将对未来国际农业发展格局产生深刻影响。因此,只有加快转变我国农业发展方式,充分利用"两种资源、两个市场"改善要素结构,提高资源配置效率,大力提高农业科技自主创新能力,推动产业结构优化升级,才能增强我国农业的核心竞争力,在激烈的国际竞争中赢得主动。

转变农业发展方式涉及方方面面,特别是要重点在以下几个方面实现根本性转变:促进农产品供给由注重数量增长向总量平衡、结构优化和质量安全并重转变,促进农业发展由主要依靠资源消耗向资源节约型、环境友好型转变,促进农业生产条件由主要"靠天吃饭"向提高物质技术装备水平转变,促进农业劳动者由传统农民向新型农民转变,促进农业经营方式由一家一户分散经营向提高组织化程度转变。

(韩长赋　农业部部长)

陈锡文：

产需结构渐失衡 粮食安全有远忧

就地区的产需结构而言，粮食的产能越来越向主产区集中，越来越向水资源更为短缺的北方地区倾斜。建立在这样基础上的粮食供求平衡和国家粮食安全，其可持续性令人忧虑。就品种的产需结构而言，稻谷尤其是粳稻明显处于紧平衡，玉米基本平衡，小麦可略有结余，但大豆的供求缺口在持续扩大。

在中央采取一系列强农惠农政策的有力支持下，2010年我国农业不负众望，夺取了粮食连续第七年增产的好成绩。粮食增产、农民增收对于2010年我国战胜各种风险、克服各种困难，起到了重要的基础性支撑作用。

从2003年到2010年7年间的时间里，中国粮食产量从8614亿斤增加到10800亿斤以上，增加了约2200亿斤，年均增长率接近3.3%，应当说是创造了一个了不起的奇迹。但是，粮食连续增产的时间越长，可能离减产的拐点也就越近。

从目前的粮食供求总量来看，似乎并不存在多大的问题：总产量10800亿斤左右，总需求10500亿斤左右，正常年景下，满足需求还略有结余。但从粮食供求的地区结构和品种结构来看，情形就没有那么乐观。

就地区的产需结构而言，粮食的产能越来越向主产区集中。2009年13个粮食主产区（冀、内蒙古、辽、吉、黑、苏、皖、赣、鲁、豫、鄂、湘、川）的粮食产量占全国粮食总产量的77.1%，11个粮食产销平衡区（晋、桂、渝、黔、滇、藏、陕、甘、宁、青、新）的粮食产量占全国粮食总产量的16.4%，7个粮食主销区（京、津、沪、浙、闽、粤、琼）占全国粮食总产量的6.5%。其中，7个粮食主销区2009年的自给率仅为34.6%，比2005年又下降了4.7个百分点。粮食的产能越来越向水资源更为短缺的北方地区倾斜。建立在这样基础上的粮食供求平衡和国家粮食安全，其可持续性令人忧虑。

就品种的产需结构而言，稻谷尤其是粳稻明显处于紧平衡，玉米基本平衡，小麦可略有结余，但大豆的供求缺口在持续扩大。2009年中国进口大豆4255万吨，差不多是国内产量的3倍，进口量占到了全球大豆贸易量的53%。此外，中国还进口植物油816万吨。

随着某些农产品进口量增加、自给率下降，国际市场价格对这些农产品的国内市场价格就具有越来越大的影响力。近两三年的情况已经证明：国际市场大豆和油料涨价，国内食用油也只能跟着涨价；大豆涨价，豆饼就涨价；豆饼涨价，饲料就涨价；饲料涨价，肉、禽、蛋、奶也得跟着涨价。这是在我国某些农产品产能不足、自给率下降背景下的必然结果。

应该说，在我国现有的农业资源条件和生产水平下，我国农产品的综合消费水平实际上已经超过了农产品的综合生产能力。

据保守估计，按我国的农业生产水平计算，我国进口的农产品至少相当于利用了境外6亿亩以上的农作物播种面积，此为调节农产品价格难度加大的一大原因。

（陈锡文　中央农村工作领导小组副组长、办公室主任）

Part 2

产业观察

紧跟时代主流，选取粮食产业、粮食经济生活中一些带有全局性、代表性、倾向性的事件、问题和现象，结合事物（事件）发生、发展的过程，以专家视角揭示其发生的原因和背景，并进行较为深入的分析与思考，发别人未发之言，传播认知价值，体现认识的深度和广度。

洪　涛：大豆和油脂是粮食安全的“疮疤”

真正解决中国的大豆和油脂问题，关键是建立多种经济主体参与的全产业链，这有利于产业链上的各种利益主体得到平衡。“丰收—歉收—平收”是客观存在的，只有一条产业链，在此基础上，相互均匀地在时间和空间上平衡利益，才能解决根本性的问题。

在对粮食安全进行评述时，按照供得够、送得到、买得起、吃得好的安全标准，笔者曾经将我国粮食安全评估为比较安全，世界粮食安全评估为不安全，而中国大豆和油脂，笔者将其评估为不安全。

提到大豆和油脂，不得不说自给率和进口量，自2005年以来，我国大豆进口连续增加，2008~2011年，先后达到3743.59万吨、4255.16万吨、5479.68万吨、5264万吨，而我国的产量仅仅在1700万吨徘徊，自给率仅仅有20%。为此有人说，中国大豆或油脂不安全了。但是，也有人认为，中国经济离不开世界，中国经济对世界经济应该有贡献。

中国经济应充分利用两个市场、两种资源来保持可持续发展。进口大豆,等于进口了大量的无形良田,使我国18亿亩多一点的耕地得到了无形扩展,充分利用了全球的土地资源来满足我国居民的消费问题,正如美国大量进口中国的服装一样。

大豆和油脂的大量进口,是由中国的内在需求、外在条件等多种因素所决定的。当我国在不断地增加大豆和油脂需求时,美国又开始了对麦当劳进行起诉的风波,因为过度消费油炸产品引起儿童过度肥胖。这也应引起我们深思,大豆和油脂的消费是否达到了一定的水平,是否应该限制某些油脂油料的消费?谈到大豆和油脂生产、加工、批发、零售时,我们会经常担心出现垄断,于是,特别害怕外资控制和垄断,甚至外资在市场低迷时,采取较高价格收购农民手中的粮食、大豆及油料时,政府也会去干预。在CPI上涨超过4.5%时,政府有时又主动去约谈,甚至请外资食用油生产大企业,生怕他们会带头"闹事"。

真正解决中国的大豆和油脂问题,关键是建立农民—消费者直接流通渠道、间接流通渠道,如农民—加工企业—批发企业—零售企业—消费者多种渠道的产业链条,当然不是指中粮集团一个企业的全产业链,而是多种经济主体参与的全产业链,这有利于产业链上的各种利益主体得到平衡。"丰收—歉收—平收"是客观存在的,只有一条产业链,在此基础上,相互均匀地在时间和空间上平衡利益,才能解决根本性的问题,这也是我们这几年来探索的协议农产品流通产业链体系。否则,脚痛医脚,头痛医头,必然会事倍功半。而要真正解决问题必须从长计议,有时需做一些"头痛医脚"的中药疗法,否则等到大家都联名抵制"油炸洋快餐"时才去解决问题,政府又成了消防员了。

(洪涛　北京工商大学教授)

郑风田:

重塑农业产业化方式 破解食品安全问题

分散的农户在与强势的龙头企业谈判时一直处于弱势，但弱势者也有反抗的武器——有些农户为了多赚点钱也会采取各种方式增加农产品的数量，比如往肉里加水。而这种反抗的结果，只能让消费者做冤大头。这种半截子的农业产业化，因为源头的产品有问题,后续的加工再安全也无法提供安全的食品。

农业产业化最大的问题就是不安全的现代农业引发的食品安全问题。而之所以出现这样的问题,是因为目前我国农业产业化模式出现了问题。

目前,我国农业产业化主体基本上分为两类模式:一类模式是“农户+龙头”,另一类模式是“生产基地+中介+批发市场”。这两类模式从其本质上来讲,可以保证我国农产品数量上的充分供给,但无法满足质的需求,难以提供安全的农产品。

第一类模式基本上都是半截子的农业产业化。龙头企业收购农户的产品,然后加工出售。龙头企业与农户这两个冤家基本上是互殴,企业在市场上收购农产品时会拼命压价,而有些农户为了多赚点钱也会采取各种方式增加农产品的数量,比如往肉里加水。分散的农户在与强势的龙头企业谈判时一直处于弱势，但弱势者也有反抗的武器，这种反抗的结果，只能让消费者做冤大头。所以目前这种半截子的农业产业化，因为源头的产品有问题，后续的加工再安全也无法提供安全的食品。

第二类模式由于从田头到餐桌经历了太多的环节，每个环节都无法辨识农产品质量的高低，所以也无法解决食品安全问题。农户为了提高产量或者为了减少病虫害，过量施用农药、化肥、生长激素及抗生素。这种行为防不胜防，还会造成“劣币驱逐良币”效果，那些不用不安全农药的农户反倒吃亏，产品难以在市场上卖到好价钱。

如何解开目前的死局？只能对目前的农业产业化方式进行重塑。

第一种方式是变半截子产业化为全产业链产业化。目前，这种方式已有不少呼声，包括最近炒得很热的新概念农业，联想、汇源、中粮老总们都在提，丁磊、京东商城也都在做。需要有一批新进入者，通过全产业链，通过品牌塑造，区分与传统企业的区别，从而满足消费者的需求。我国出现那么多的空心村，农村的土地一直在低效率经营，应该引导农民进行土地流转，让那些真正愿意到农村搞全产业链的企业能够拿到土地，改变目前半截子的农业产业化行为。

第二种方式是变多环节批发为产销直接对接。这种方式的核心目标就是减少中间环节，减少作假机会，让消费者能够直接见到生产者，通过第三方的监管对生产者产生压力，减少地方保护主义。其实，京沪等地的一些单位都在搞特供基地，这也是一种产销直接对接的方式。产销直接对接有一个前提，那就是必须组织起分散的小农户，通过发展专业合作组织，提供专业化的服务。比如，一个养猪的农民专业合作组织可以专门往城市小区天天供应猪肉。通过产销直接对接，市民完全可以到专业合作组织的农田里监督他们进行安全生产，如果发现他们违法添加不安全的东西，可取消其产销直接对接的资格。

（郑风田　中国人民大学农业与农村发展学院教授）

张福锁:

化肥用量不减反增 测土配方机制待完善

施肥方式落后,养分挥发流失严重。根据中国农业大学2009年的调研结果,小麦、玉米、水稻等大田作物基肥的手工撒施比例高达80%,导致肥料用量不准、不匀,施用深度不够,降低了肥料利用效率。同时,由于农村劳动力短缺,“一炮轰”等粗糙的施肥方式越来越普遍,导致化肥用量居高不下。

测土配方施肥补贴项目自2005年实施以来,全国推广面积累计超过11亿亩,而全国化肥施用总量从2005年的4766万吨,增加到2010年的5562万吨。有人质疑,为什么测土配方施肥实施多年,农用化肥用量不减反增?

测土配方施肥的主要原理是土壤缺啥补啥、缺多少补多少,并不意味着化肥施用总量的必然减少。对于不同区域、作物、地块和目标产量,从不合理施肥到科学施肥,施肥量有增有减。从总体上来看,近年来全国化肥施用总量增加的势头得到了一定遏制。

我国化肥施用总量增加的原因主要有以下五个方面:

一是农产品产出总量增加，作物需肥量随之增加。2005~2010年，我国粮食、蔬菜和水果产量增加了2.4亿多吨，按照目前我国化肥氮、磷、钾利用率计算，需要增加化肥用量1940万吨。蔬菜、果树等园艺作物的快速发展，化肥需求量也随之增加。据测算，我国9亿亩经济、园艺作物与16.5亿亩粮食作物的化肥施用总量几乎各占一半。

二是我国基础地力不高，对化肥依赖性较大。近年来，我国耕地土壤逐步退化，需要的化肥用量增加。同时，耕地"占优补劣"现象突出。非农建设占用的耕地大多是质量高、基础设施好的良田沃土，而补充的耕地大多是荒坡、沿海滩涂、废弃砖窑和工业矿场等开发、复垦和整理而来的劣质低产田，不多投入肥料，产量就上不去。

三是农田有机肥投入不足，养分难以循环利用，只能靠化学肥料来补充。据统计，我国有机肥资源约7700万吨，而实际还田利用的不足2000万吨，其中粪便养分还田率只有一半，秸秆养分直接还田率在35%左右。

四是豆科固氮作物种植面积减少，高产作物种植面积大幅增加，耕地承载增产压力大。大豆、绿肥等能通过生物固氮向农田提供氮素，实现养分循环利用。2004~2010年，全国豆类作物种植面积减少2285万亩，相当于减少11万吨氮素，这就需要化学氮肥来补充。同时，我国长江以南地区多为一年两熟甚至三熟农业区，复种指数高，一年耕地亩均施肥量呈现多次叠加现象。

五是耕作追求轻简化，施肥方式落后，养分挥发流失严重。根据中国农业大学2009年的调研结果，小麦、玉米、水稻等大田作物基肥的手工撒施比例高达80%，导致肥料用量不准、不匀，施用深度不够，降低了肥料利用效率。同时，由于农村劳动力短缺，"一炮轰"等粗糙的施肥方式越来越普遍，导致化肥用量居高不下。

在美国等发达国家，用了10多年时间来实现每个地块的测土配方施肥，因此我国建立完善的测土配方施肥系统仍需时日，还需要引导研究机构、企业广泛参与，建立市场机制加速发展。

（张福锁　中国农业大学资源与环境学院教授）

朱启臻：

科学把握三大要素 走出现代农业误区

对现代农业的片面认识和错误理解，在实践上十分有害。首先，可能动摇农业的基本经营制度；其次，追求大面积、大机械、高标准、成方连片、整齐划一的农业，在农业生产领域大搞招商引资，会付出更高的成本，进一步增加农业的风险；再次，个别地方对农业支持出现偏差，甚至规定不支持非规模农业。

最近笔者调研时发现，基层干部对发展现代农业热情很高，也出台了种种促进措施。但人们对现代农业的理解差别很大，不乏片面认识和错误理解。因此，有必要对实践中存在的认识误区进行剖析，进一步明确现代农业的内涵。

在实践层面上，人们对现代农业的认识误区大体表现为以下三种观念：

第一种观念是把现代农业等同于规模农业，进而把土地集中经营视为规模农业的前提。事实上，现代农业意义上的规模农业是农业系统要素向特定农业资源的地理区域集中，从而形成具有地域特征明显的现代农业产业集聚区，包含了分散农户形成区域规模化生产和资源优化配置的内容。

第二种观念是把现代农业等同于农业产业化，进而认为农业龙头企业是现代农业建设的核心。

第三种观念是把现代农业等同于高投入、高产出的农业。在这种观念的激励下，不惜牺牲生态环境或变相改变土地用途的行为普遍存在。

对现代农业的片面认识和错误理解，在实践上十分有害。首先，可能动摇农业的基本经营制度；其次，追求大面积、大机械、高标准、成方连片、整齐划一的农业，在农业生产领域大搞招商引资，会付出更高的成本，进一步增加农业的风险和衍生出更多的社会问题；再次，个别地方对农业支持出现偏差，甚至规定不支持非规模农业。

如何理解现代农业，我们认为现代农业具有三个最本质的特征：

第一，现代农业理念。首先，要树立农业公共产品的理念。作为一种特殊商品——农产品，它是一个国家独立自主发展的根本保障。其次，要树立农业多功能的理念。现代农业在提供食品供给保障的同时，还发挥着生态、生活、教育以及文化传承等多种功能。

第二，现代科学技术。现代农业背景下的现代科学技术不仅指国家科学技术的供给能力，还包括农民的科学技术自觉，农民不仅可以创造性地应用科学技术，还能不断地创造出新的科学技术。需要强调的是，发展现代农业不能忽视传统农业文化，传统农业文化和现代科学技术的有机结合应该成为现代农业的重要特征。

第三，现代农业组织。现代农业的组织基础有两种基本形式：一是农民合作社，二是完善的农业社会化服务体系。合作社被认为是最适合农业生产特点，同时也可以克服农户弊端的有效组织形式，只有建立在农民合作组织基础上才符合现代农业的发展规律。完善的农业社会化服务体系，包括产前、产中、产后各个环节的服务以及农业保险、农业金融、农业教育等服务。

现代农业理念、现代科学技术和现代农业组织是构成现代农业不可分割的三大要素，科学把握三大要素的实质及其与现代农业其他特征的关系，在现代农业发展过程中可以少走弯路。

（朱启臻　中国农业大学农民问题研究所所长）

何志成：

劳动力价值大幅提高 农产品提价是趋势

尽管粮价连续多年提高，但种田尤其是种植传统的水稻、玉米仍然赔钱。因为农业的真实成本，尤其是人工成本涨幅远远超出粮价提高幅度。务工收入远远超出种田收入，使得种田变成了副业。农产品还要涨价，这是农业劳动力价值大幅提高的必然趋势，也是优质农产品未来占比大幅提高的必然趋势。

虽然高通胀的主要成因还是农产品价格上涨，但笔者调查发现，农产品涨价是大势所趋。

2011年10月，笔者自驾西行，一路考察农业和农村情况，更加肯定了对丰收的预期。中原、西南各省除了贵州和四川少数县市因严重干旱造成减产（少数山区绝收）外，绝大多数地区秋粮再获丰收，预计晚稻增产8%，玉米增产10%~15%。秋粮收购价普遍提高，稻谷提价约9%，玉米提价约15%。夏粮平产，但收购价也是提高的，预计2011年粮农可增收15%左右。但笔者同时发现，农民对农产品提价并不敏感，粮食收购价逐年提高，但撂荒的农田却越来越多。

以四川泸州为例，过去这里有句谚语：种田种到山边边，种地种到水边边。一点点土地都要利用起来，而现在土地撂荒比例达到10%，为什么？尽管粮价连续多年提高，但种田尤其是种植传统的水稻、玉米仍然赔钱。因为农业的真实成本，尤其是人工成本上涨幅度远远超出粮价提高幅度。据考察验证，目前农户种田依靠雇工的比例高达30%左右，即使按外出打工一半的价格计算，人工成本也高达700元/亩。

值得庆幸的是，农村收入的主体已经转化为外出打工收入，各地农村外出打工的劳动力占比在50%~85%。比如，2011年就是农民工收入增加最快的一年。从2011年年初截至9月底，劳动报酬提高幅度在50%~70%，不仅远远超出种田收入，而且使得种田变成了副业。

农产品还要涨价，这是农业劳动力价值大幅提高的必然趋势，也是优质农产品未来占比大幅提高的必然趋势。目前，农产品价格远远低于农业劳动和各种必需的成本投入，农产品价格制定的标准仍然建立在农业劳动不平等交换的基础上。同时，由于机械化的普及，传统的大田劳动强度减轻，季节性特征越来越明显。农村不需要那么多劳动力，尤其是不需要大量劳动力长期滞留农村，这使得农业劳动力平均成本很难计算。但优质农产品是需要常年操劳的，而且这种操劳是复杂劳动、专业劳动。

农产品要提价，这是大趋势，不能盲目地认为物价上涨就是经济过热。今天，吃饱已经不是最主要的，吃得安全、吃得健康才是最主要的。这是农产品必须提价的生产需求基础，即只有提高优质农产品价格，才能使更多的农民进行产业结构调整，回归绿色农业、纯天然农业。优质农产品的市场空间很大，要加快发展就必须采取综合措施：政府要大力扶持和监督，农民和市场要共同维护，农业信贷也要加强金融支持。

（何志成　中国农业银行高级专员）

胡　锋：

种植面积再次下滑 早稻怎成了“弃儿”

出于粮食安全考虑，政府总是希望能够生产更多的粮食。而土地是粮食生产之根本，因此推出了18亿亩耕地红线。但耕地是死的，人是活的；守得住耕地，也守不住人。工业化社会，农民会在更大的选择范围内审视种地行为。种不种早稻的问题变成了务农与外出务工收益的比较问题。

国家统计局公布的有关数据表明，2011年早稻种植面积再一次下滑。自2005年以来的6年中，除了2009年早稻种植面积出现增加以外，其他5年早稻种植面积全部是持续减少的。由于种植面积持续减少，早稻产量近年来也是波动不定的。这与同时期全国粮食种植面积持续增加，粮食总产量连年增产形成了明显的反差。

早在2006年、2007年早稻连续两年种植面积减少的时候，笔者就曾撰文指出，早稻种植面积持续下滑将是一个长期的趋势，现实印证了这一判断。我们认为，不出意外，两年之内早稻种植面积将创下新低。原因在于种植早稻的比较收益很低，而这一现状在可预见的未来看不到改变的迹象，相反还有进一步强化的趋势。如果只选择种一季稻谷，农民或者选择种中稻，或者选择种晚稻，没人会种早稻。原因是相对中稻和晚稻而言的，早稻单产低，价格低。因此，种早稻的农民往往会在同一块土地上继续种晚稻，而这意味着劳动力基本上全年被固定在这块土地上，已经没有外出务工的可能了。所以种不种早稻的问题就变成务农与外出务工收益的比较问题。

如果耕地足够多，那么在粮价持续上涨的今天，务农收益也许能够和务工打个平手。但是，中国人均耕地本来就少，双季稻主产区的人均耕地就更少了，湖南、江西、广东三大早稻主产区的人均耕地均不足一亩。在收益对比悬殊的情况下，显然有能力外出务工的人肯定会选择务工，而不是在家务农。于是留在农村务农的基本上是“3899部队（妇女和老人）”，而这样的劳动力不足以应付双季稻的种植，于是单季稻（中稻或晚稻）成了趋势性的选择。

本来随着农村人口的持续流出，土地的集中耕种为机械化的大规模使用提供了可能，由于机械化节约了劳动力，双季稻的恢复种植是有可能的。然而双季稻的主产区并非平原地带，大规模成片连在一起的耕地不多，这阻止了大规模机械化的可能。劳动力会越来越不足，机械化又不能深入推进，这意味着双季稻主产区单季化的趋势会越来越明显。

之所以要种早稻是要提高土地的利用率，同一块土地，一年种两季总是要比一年种一季产出的粮食多。出于粮食安全考虑，政府总是希望能够生产更多的粮食。而土地是粮食生产之根本，因此推出了18亿亩耕地红线。但耕地是死的，人是活的；守得住耕地，也守不住人。工业化社会，农民不再被束缚在土地上，农民会在更大的选择范围内审视种地行为。

早稻种植面积的持续减少是与经济持续发展密切相关的。随着经济的发展，创造的非农就业岗位越来越多，留在农村就业的必然越来越少。这是一个长期的趋势，但是短期内的反复是存在的。

近6年中，早稻种植面积持续减少，但是2009年早稻种植面积却出现了增加，为什么？那是因为2008年爆发了全球性金融危机，中国经济短期内出现了急剧下滑，沿海工业地区大批企业停工减产乃至破产倒闭；2009年春节前大批农民工由于找不到相应的工作，大批返乡，出现了返乡潮。这导致2009年留守在农村的劳动力短暂充裕，因此出现了2009年早稻种植面积短暂增加。但这仅仅是昙花一现，随着中国经济刺激计划的实施，经济整体迅速回升，非农就业岗位增加，早稻种植面积接下来又连续两年减少了。

（胡锋　广东华南粮食交易中心首席分析师）

艾　丰:

发挥品牌力量
让道德和发财相统一

做品牌,从文化理念的角度来看,很简单,那就是“守住底线、突破上线、强化热线”。任何企业任何时候都不能犯不诚信的错误,都不能放松创新的努力,都不能忘记对社会的责任。

“毒奶粉”、“瘦肉精”、“地沟油”、“染色馒头” 这些层出不穷的恶性食品安全事件的原因是多方面的,有监管不力的问题,也有行业自身业态不发达的问题,还有市场和品牌集中度不够的问题等。但是,这些恶性食品安全事件背后折射出的道德文化缺失则是重要原因之一。正是由于缺乏起码的道德和良知,一些经营者急功近利,只讲发财,不讲手段,甚至发展到不惜图财害命的地步。

怎样加强经济领域的道德文化建设?其中最重要的就是要相信品牌的力量,发挥品牌的力量。品牌是什么?品牌是最具道德的商业智慧,它能把发财和道德统一起来。品牌文化之道是诚信、创新、责任,这三点都是道德和智慧的统一,品牌的评价标准也与此相关。

品牌的第一个评价标准是信任度。诚信是底线，是生命线。品牌的作用首先是信用，你不讲诚信，谁还会再相信你这个品牌？你还能生存吗？因此，我们要像爱护生命一样遵守诚信。我们中国的品牌进入国际市场为什么这么困难？有质量问题，或者有技术问题，但核心是诚信问题。你的产品都可以为别人贴牌了，说明产品质量没问题，为什么换上自己的牌子就不行了呢?因为你的牌子没有建立起诚信。一些企业不信守合同，还有国内市场上层出不穷的不诚信的质量事故，都在破坏着中国品牌在外国消费者心目中的诚信度。做国际品牌，必须从诚信开始！

品牌的第二个评价标准是美誉度。创新是上线，是能力线。好品牌代表的是特色和出色，是靠创新形成的。诚信代表的是做好事，创新则是代表着做好事的实力和能力。因此，没有创新很难形成美誉度。

品牌的第三个评价标准是知名度。责任是热线，是感情线。只有你对员工负责，对消费者负责，对社会和国家负责，大家才会喜欢你，支持你。如果你只知道自己赚钱，对谁都不负责，你的品牌怎么会立得住呢?因此，知名度不仅是知道的意思，还必须包含着你对社会有益而形成的喜爱。

做品牌，从文化理念的角度来看，很简单，那就是“守住底线、突破上线、强化热线”。任何企业任何时候都不能犯不诚信的错误，都不能放松创新的努力，都不能忘记对社会的责任。

有了以上三条，就有了道德和发财相统一的根本途径，就掌握了适应市场经济的道德文化要义，就可以防止那些恶性质量问题的发生。

（艾丰　品牌中国产业联盟主席）

朱演铭:

食品供求失衡 呼唤大规模农业管理

食品供求失衡将给中国带来更多的食品安全问题。分散的小规模化农业体系是造成食品供求失衡的因素之一。目前,我国人均耕地面积只有一亩三分八,相当于世界平均水平的40%,这就显现出提高中国农业生产效率的重要性。

随着城镇化进程加快、农村劳动力向非农领域转移、水土流失严重、农业和农村污染严重以及环境污染等问题的发生,我国食品供应能力开始下降,食品供求失衡成为全球化背景下产生的新问题,这将给中国带来更多的食品安全问题。据分析,造成食品供求失衡的原因来自三个方面:第一,城镇化的快速发展;第二,水土资源流失以及灌溉基础设施薄弱;第三,我国目前分散的小规模化农业体系。

城镇化发展拉动食品需求大幅提高。随着城镇化的快速发展和社会进步,中国的食品供求失衡将日益突出,人们对食品的需求不断增强,加上城乡居民可支配收入的增长,居民消费水平日益提高,拉动了食品需求数量和质量的增长和提高。

国内食品安全事故频发，导致食品进口增速加快。而食品进口平均价格涨幅很大，更是加大了国内通胀压力。

与此同时，我国水土流失严重，耕地面积逐年减少，水资源短缺矛盾凸现，气候变化异常。以水土流失为例，我国现有水土流失总面积达356万平方公里(含风蚀)，已占到国土面积的37.1%。这加剧了我国人地矛盾，直接威胁到我国粮食安全和国民生存。

分散的小规模化农业体系是造成食品供求失衡的重要因素。全球化背景下的中国农业，亟须走大规模农业管理之路。目前，我国人均耕地面积只有一亩三分八，相当于世界平均水平的40%。这就显现出提高中国农业生产效率的重要性，大规模化农业管理的新需求也就应运而生。

然而，农业经营管理人才的缺乏，制约了现代农业的发展。我国农业教育发展规模较小，管理体制不顺，而且农业教育尤其是高等教育与农业生产经济对人才的需求存在一定程度的脱节，与农民群体对专业技术人员的需求有一定差距。作为农业科技人才培养重要力量的农业类高等院校，经过数年的发展，尽管规模扩大了，但在满足产业化发展需求方面仍有较大差距。

为适应未来发展，我国农业类高等院校的教育发展方向应该更偏向于以农业管理和大型农业实践为导向，这有利于我国从小规模的农业经济发展方式转向更加大型综合的农业发展模式。同时，我们也可以吸引国外发达国家的农业教育在中国投资教育和进行农业科研，与中国高校合作开办综合性农业大学，为学生提供先进、符合国内农业发展需求的工程与技术课程。

(朱演铭　熙可集团总裁)

翟中旭：

包仓收购有利有弊 需谨慎对待严防风险

对于粮食经纪人来说，通过包仓收购，可以有效解决资金问题，也能解决存储难题。但是，包仓收购是一把“双刃剑”，在粮食市场行情不好的情况下，粮食经纪人特别是经营能力小的，就会直接放弃销售，把大量的粮食直接压给粮食购销企业销售，粮食购销企业还承担着粮权的不确定性和法律执行风险。

2011年夏粮收购中，粮食购销企业在实际经营管理中出现了包仓收购模式。通过调研与分析，这种模式的利弊越来越明显。对于粮食购销企业及农发行信贷管理来说，其不利影响尤其值得关注与思考。

以东部沿海省份某县为例，在2011年夏粮收购中，该县22家粮食购销企业共签订夏季小麦购销合同18.8万吨，其中当地25户粮食经纪人签订粮食购销合同5.8万吨，是2010年同期签订量的14.5倍，包仓收购模式已渐成趋势。

所谓包仓收购，即粮食购销企业与粮食经纪人在收购前签订购销合同，明确包仓的库点、数量、质量、出库时间以及保管费用等，由粮食购销企业根据购销合同量向农发行申请贷款，在贷款下划后，由粮食购销企业根据入库数量下划资金，粮权归粮食购销企业所有，但销售时，由粮食经纪人自寻销路，售出后，粮食经纪人将货款打入粮食购销企业在农发行开设的账户，归还贷款本息。

对于粮食经纪人来说，由于多数不符合农发行的信贷支持范围，就退而求其次与粮食购销企业合作融资。因此，通过包仓收购模式，可以有效解决资金问题。另外，目前大部分粮食经纪人的仓储条件不够，只能走即购即销路线。而粮食购销企业有较大的仓容和专业保管人员，粮食经纪人通过包仓收购模式，很好地解决了存储难题。

对于粮食购销企业来说，由于托市收购没启动，企业资金压力较大，不愿加大成本组织人员外出收购，多数等粮上门。采用包仓收购模式，不但解决了粮源问题，粮食购销企业只需对进仓的粮食数量、质量进行把关即可，不负责销售，而且还可以将损耗转嫁给粮食经纪人。另外，粮食经纪人承担了粮食购销企业所承贷的利息，粮食购销企业不用再为每月付息劳神。

但是，包仓收购是一把“双刃剑”，对于粮食购销企业来说，也承担着一定的风险。

一是粮食购销企业将无发展空间，自断后路。粮食购销企业不再进行基本的购销业务，就会失去粮食收购主渠道地位和农发行信贷支持。同时，也为自己培养了强有力的粮食购销对手，即粮食经纪人。

二是粮食经纪人发生道德风险，粮食购销企业处于被动。一方面，在粮食市场行情不好的情况下，粮食经纪人特别是经营能力小的，就会直接放弃销售，把大量的粮食直接压给粮食购销企业销售，粮食购销企业处于被动销售状态；另一方面，粮食购销企业还承担着粮权的不确定性和法律执行风险。

因此，从粮食购销企业及农发行风险防范角度来讲，第一，建议粮食购销企业密切关注粮食经纪人的财产状况、生产和经营能力变化，掌握畅通的销售渠道，严格执行钱货两清制度。第二，进行粮食确权，完善合同条款。要在合同中明确注明：因客户自身原因造成经济纠纷的，一律不能查封粮食购销企业的库存粮食，如果确需执行的，可以委托粮食购销企业销售，待足额归还农发行贷款本息后，多余部分退回；在粮食经纪人不履约时，粮食购销企业有权处理。第三，建立联保责任，分散化解风险。要求粮食经纪人用动产和不动产特别是房屋、车辆等到农发行办理抵押手续，建立与粮食购销企业负责人联保制度。

（翟中旭　江苏省盱眙县农发行员工）

龚锡强：

提高种植收益
生产机械化势在必行

劳动力成本快速提高是导致粮食种植收益相对下降的重要因素之一。现阶段农村劳动力已经成为稀缺资源，其雇佣成本越来越高。提高现代粮食生产效益，规模经营是必由之路，但规模经营者不可能用传统的办法耕种。要维持粮食种植面积，只有依靠生产机械化，这是提高粮食生产效益的重要途径。

5亩油菜地，3台收割机用了20分钟收割完，而用人力，则需要5个人、3天时间。如此悬殊的差距，让世世代代靠人工收割油菜的农民备受鼓舞，大家看到，只有依靠生产机械化，才能提高粮食生产效益。这是2011年夏收期间，发生在湖北省宜城市南营办事处龚垴村油菜机械收割现场观摩推广会上的一幕。观摩现场的不少农民说，油菜生产有了机械化，我们可以放心种植了。

据有关方面统计，我国农民工已达2.4亿人之多，留在农村种田的基本上是五六十岁以上的老人。因此，要维持粮食种植面积，只有依靠生产机械化，这是提高粮食生产效益的重要途径。

劳动力成本快速提高是导致粮食种植收益相对下降的重要因素之一。现阶段农村劳动力已经成为稀缺资源,其雇佣成本越来越高。3年前雇请一个劳动力每天需要支出费用60元,2010年上涨到80元,2011年则升至100元,最高的达120元。按照农村习惯,除了支付雇工费用外,每天还要管两餐饭。而人工收割1亩小麦或者水稻至少需要雇请一个劳动力,栽插1亩水稻需要雇请两个劳动力。种植1亩粮田,如果雇工,则需出售粮食1/4的收入支付人工费;如果使用机械,其费用每亩地仅仅是人工费用的一半。

提高现代粮食生产效益,规模经营是必由之路。农民依法、自愿、有偿流转土地之后,规模经营者不可能用传统的办法耕种。我国规模经营大户之一、湖北省大冶市农民侯安杰之所以能够流转11个乡镇1.98万亩耕地种植粮食,年获利600多万元,就是得益于他100多万元的农业机械。

但是,在生产机械化实际工作中,还需要注意解决以下三个问题:

第一,国家要加大农机补贴数额,扩大覆盖面。农业机械价值不菲,国家对农民购买大型农机具虽然实行了补贴,但是补贴数额有限,补贴面过小,与农民的实际购买力差距较大。要加速农业机械普及,就要加大财政预算,扩大农机具补贴覆盖面,让更多的农民早日步入粮食生产现代化的行业。

第二,要加大科研力度,开发实用高效农业机械。总体来讲,目前我国农业机械还处于起步阶段,其机动性、经济性还有待于提高。对农业机械这个既具有良好经济效益,又具有社会效益的行业,国家要投入更多的人力、物力、财力,加大科研、生产力度,不断开发出适合我国农民使用的高效、便捷、经济的新型农机具。

第三,要科学调度,充分发挥农业机械效率。动辄上千上万,甚至十几万元的农业机械,只有科学调度,才能发挥最大效益。同时,我国农村有些地方的社会治安堪忧:“麦霸”、“田霸”等把持农机具市场,强行收取所谓联系费、保护费等,阻碍了农机具的正常使用。有关部门要加强农机具市场整顿,严厉打击“麦霸”、“田霸”。在粮食生产旺季加强组织调度,合理引导农机具有序流动,使农机具资源使用效益最大化。

(龚锡强　湖北省襄阳市粮食局副局长)

裴会永：

顺应粮食流通新形势 融入全产业链体系

单纯买卖原粮的纯粮食购销企业生存发展空间受到挤压，大型粮食企业，特别是具有较强资源整合能力和具备完整产业链的企业取得明显竞争优势。对于地方国有粮食购销企业来说，除了有效整合资源，努力做大做强外，积极融入全产业链体系，可保资金及粮食销路无虞，也可拥有更大更好的发展平台。

由于小麦市场价高于托市价，2011年小麦主产区首次大面积无法启动托市收购。在小麦主产区，往年接受中储粮委托收购的地方国有粮食购销企业，2011年市场化收购遭遇资金瓶颈，加之农民惜售等因素，一些粮食购销企业显得无所适从，应对乏术。

近几年，一些粮食购销企业经营意识逐渐淡薄，发展新客户、维护老客户的动力不足。因此，面对农发行"以销订购、以购定贷"的放贷原则，一些粮食购销企业由于无法提供购销合同，只能望贷兴叹。

随着粮食市场化程度加深，粮食购销市场化开始居于主导地位。单纯买卖原粮的纯粮食购销企业生存发展空间受到挤压，大型粮食企业，特别是具有较强资源整合能力和具备完整产业链的企业取得明显竞争优势。专家预测，传统的粮食流通环节面临深度整合，粮食生产与流通格局将发生大调整和大变化，原有长链条、多环节、高成本的传统流通模式将逐渐被高效、便捷、低成本的流通模式和业态所取代。

基于以上预测，农发行“十二五”发展规划纲要提出，积极适应现代农业发展的新趋势，树立支持粮油全产业链发展理念，着力打造支持粮油全产业链发展主导银行品牌。而实施这一战略的载体，是建立粮油信贷战略性客户群，即能够在国家或地区范围内发挥粮油宏观调控作用的骨干企业，机制好、资信好、效益好，有规模、有品牌的优质企业和大中型企业，以及可作为农发行长远支持重点培育的企业。

如果仔细解读，除了成长型企业外，其战略性客户可以分为两类：一类是政策性主渠道，另一类是市场性主渠道。人们习惯认为，地方国有粮食购销企业也是粮食流通主渠道的重要组成部分。实际上，正是认识上的偏差，导致有些企业缺乏市场意识，对靠贷款补贴的生存方式恋恋不舍。

以2004年为分水岭，国有粮食购销企业形成了不同的利益主体，承担着不同的职能。中央和省两级粮食调控体系所属的国有粮食购销企业是政府粮食宏观调控的主要载体，主要承担公益性职能。这个体系之外数量众多的地方国有粮食购销企业，与其他社会多渠道一样是市场竞争主体，其接受政策性粮食委托收购任务，实际是在履行经济(民事)合同。

在完全竞争的市场状态下，大型骨干企业是粮食流通的主渠道。

粮油经营的最大特点是量大利薄，效益体现在规模上，如果没有雄厚的资金后盾，就难以将收购做大，有效掌握粮源。早在两年前，就有业内人士分析，地方国有粮食购销企业继续生存只有两个选择：要么并入中央或地方政府的储备粮体系，要么纳入农业产业化体系。

这话虽有些绝对，但有迹象表明，农发行正通过信贷杠杆，鼓励小规模企业、家族企业和单纯购销企业等，向规模企业、股份制企业、粮食深加工企业、优质品牌企业、循环利用的高附加值企业融合兼并。对于地方国有粮食购销企业来说，除了有效整合资源，努力做大做强外，积极融入全产业链体系，短期而言，可保资金及粮食销路无虞，长期而言，可以拥有更大更好的发展平台，不失为可行的选择。

(裴会永 粮油市场报编审)

田建民：

从区域经济发展视角建粮食生产长效机制

受国家粮食安全战略目标的约束，新的粮食主产区的现代化发展将不允许选择以牺牲农业尤其是粮食为代价的推进路径。粮食核心区建设以及粮食生产长效机制的构建，必须从区域经济发展视角去做，以不牺牲农业为前提，走出一条粮食生产新型工业化、城镇化与农业现代化协调发展之路。

在粮食生产与中原经济区建设高层论坛上，田建民指出，粮食核心区建设以及粮食生产长效机制的构建，必须从区域经济发展视角去做，以不牺牲农业为前提，走出一条粮食生产新型工业化、城镇化与农业现代化协调发展之路。

民以食为天，食以粮为先，安以天下定。我们这个13亿人口大国，国情决定了它自给为主的粮食安全法则。

改革开放以来，由于地区间经济的不均衡发展，引发了我国粮食生产流通的一个大逆转，"南粮北调"现在变成了"北粮南运"。

对于这个大逆转带来的问题，田建民告诉记者，首先，这个大逆转为我国几十年的改革开放创造了稳定的政治环境，新的粮食主产区为加速国家工业化、城镇化进程，付出了难以计算的巨大牺牲和代价，没有主产区的粮食增长，国家也不可能有一个如此稳定的经济发展环境和社会发展环境；其次，这个大逆转形成我国粮食生产的新背景以后，也导致了一个新的课题，受国家粮食安全战略目标的约束，新的粮食主产区的现代化发展将不允许选择以牺牲农业尤其是粮食为代价的推进路径，这是粮食核心区建设不得不面临的大环境和必须破解的一个新课题。

建设粮食核心区实际上不管是河南省还是滑县都是识大体、顾大局、担责任、尽义务的一个高尚抉择。作为粮食最大主产区之一的河南省为什么要建设粮食核心区？田建民认为，实际上就是为了探索粮食生产持续稳定增长的长效机制。

“河南省为什么要探索粮食生产持续稳定增长的长效机制？从学术观点来看，其实也是无奈之举。”在采访中，田建民坦言，“现在选择三化协调发展其实是一个不公平的事情，改革开放初期，没有人管过用地的问题，江浙一带到处都是开发区，这使很多村庄都变成了城镇，没有农业用地了。但是，河南还背上粮食安全这么一个责任和义务。”

粮食贡献与经济发展的不对等，粮食主产区与发达地区的差距是越拉越大。田建民向记者举了一个这样的例子，20世纪80年代初，河南省与浙江省的人均耕地面积是相差无几的，然而到了2009年，浙江省人均耕地面积是0.39亩，河南省是1.72亩，同时与之相应的人均财政收入正好是相反的。

田建民认为全面的粮食安全长效机制理论上应是综合生产能力的提高，重点是基础生产条件改善（藏粮于地）、科技支撑（藏粮于技），以及各种确保种粮者收入提高、对粮食主产区转移支付奖补和促进粮食主产区经济社会发展的扶持政策。

（田建民　河南省农科院农业经济与信息研究中心副主任、研究员）

陈文胜：

政府要粮与农民发财并不矛盾

保证粮食安全应实现四大转变，即从局部性的粮食安全向全局性的国家安全转变，从被动性粮食安全向主动性粮食安全转变，从单纯的粮食安全向提升国家的全球竞争力转变，从强调粮食生产向同时促进农民增收转变。实现粮食安全战略的转变，关键是要提高粮食的综合生产能力，前提是要保证农民能够从种粮中得到比较收益。

非农产业的高附加值和增长的快速性对后发国家和地区来说，具有难以抵御的诱惑力，这时，农业的战略位置常常容易被人忽视。

以美国为首的少数发达国家通过高补贴政策、高技术支撑、高资本控制、高市场操纵等手段，不断发展粮食生产的扩张能力。面对这样的国际新形势，在国内绝对耕地面积萎缩、实际播种面积减少、科技支撑能力不足、水利基础设施脆弱、农民“断代”现象普遍出现、农民种粮积极性难以提高等问题客观存在的背景下，中国的粮食安全形势不容乐观。

如何保证中国的粮食安全?我们认为应实现四大转变,即从局部性的粮食安全向全局性的国家安全转变,从被动性粮食安全向主动性粮食安全转变,从单纯的粮食安全向提升国家的全球竞争力转变,从强调粮食生产向同时促进农民增收转变。

实现粮食安全战略的转变,关键是要提高粮食的综合生产能力,前提是要保证农民能够从种粮中得到比较收益,而提高种粮效益无非是靠价格和补贴。一方面,政府补贴的推动力要通过市场价格的原动力起作用;另一方面,市场价格的原动力需要政府补贴的推动力来激发。市场激励需要政府的配套政策才能走得更远,而政府的配套政策必须得到市场激励才能可持续发展。这具体要从两个方面着手:

一是创新政府对粮食综合生产能力的推动力。要加大对农田基本建设的法定投入,确保粮食的基本生产能力;优化组合粮食生产补贴的长效政策,确保粮食的市场竞争能力;构建农村劳动力转移的替代机制,确保粮食生产方式的更新能力;维护农民在市场竞争中的平等地位,确保粮食的持续生产能力;提升传统的食品体系和品种结构,确保粮食的多样化生产能力。

二是激活市场对粮食综合生产能力的原动力。要将政府要粮和农民发财统一起来,形成调动农民种粮积极性的长效机制;发挥价格信号对资源配置的诱导作用,完善粮食最低保护价的定价机制;调动农民和企业多方参与粮食储备的积极性,构建面向世界的粮食储备体系;推进粮食流通产业的现代化建设,强化粮食在世界市场中的战略竞争能力。

面对国内外粮食安全形势的新变化,只有把仅仅满足于国内需求的“口粮农业”上升为服务于国家全球竞争的战略产业,实行高财政补贴政策以支撑强大的粮食生产能力,将强有力的粮食生产能力转化为强有力的国际市场竞争优势,才能真正掌握中国粮食安全的主动权。

（陈文胜　湖南省社会科学院研究员）

徐祥临：
观念问题成为制约农民增收新瓶颈

夯实农业基础，现在面临的不仅仅是钱的问题，更重要的是思想认识问题。因为从物资的角度来看，解决“三农”问题已无大碍。有些教授认为现阶段农民收入不可能超过市民等，这个认识问题如果解决不了，就会直接影响到相关的政策，包括解决农民工的住房以及粮食价格问题等。

徐祥临认为，农民种粮食的报酬是很少的，这个问题的解决，需要继续解放思想，最后达到政策创新和体制创新。

“三农”问题的解决关系到我国整个现代化进程。徐祥临认为，如果“三农”问题解决好了，我国的现代化和全面小康就实现了。对于解决“三农”问题的重要性，大家的认识还是比较一致的，但是在一些具体问题上的看法不尽一致。

徐祥临强调，夯实农业基础，现在面临的不仅仅是钱的问题，更重要的是思想认识问题。因为从物资的角度来看，解决“三农”问题已无大碍，但是有很多具体问题又解决不了。比如说农民增收问题，2009年城乡居民收入差距是历史上最大的，如果这个差距继续拉大的话,全面小康的实现恐怕就比较困难了。

据农业部介绍,2009年城乡居民收入差距持续扩大。2009年城乡居民收入比由2008年的3.31:1扩大到3.33:1,绝对差距由2008年的11020元扩大到12022元。农村内部收入差距也在不断扩大,目前仍有4007万农村人口尚未脱贫。

对于农民增收的困难,农业部负责人分析,近年来我国农业比较效益持续下降是主要因素之一。以2009年为例,冬小麦、早稻和油菜子亩均纯收益分别为176.9元、172元和45元,分别比2008年减少6.2%、8.1%和76%,直接影响了农民家庭经营收入的增长。

徐祥临认为,根据他的研究,那些发达国家和地区,如日本、韩国,农业农村已经现代化了,城乡居民收入差距已经基本均等了。就我国而言,这个问题要真正解决并没有那么容易。有些教授认为现阶段农民收入不可能超过市民等,这个认识问题如果解决不了,就会直接影响到相关的政策,包括解决农民工的住房以及粮食价格问题等。

粮食收购价格应该提高到什么程度呢?徐祥临认为,根据发达国家的经验,粮食是农民投入劳动力和资金的结果,农村现在为粮食增长投入的资金可能没有考虑资金盈利率。另外,农民劳动一天的报酬不仅不能和白领阶层相比,和到城市打工的人也不能相比,也就是说,农民种粮食的报酬是很少的。徐祥临强调,这个问题的解决没有理论的支撑和政策的调整是不行的。当前最大的问题就是要继续解放思想,最后达到政策创新和体制创新。

(徐祥临　中央党校经济学部教授)

杜志雄：增加农民收入虽无捷径但有途径

农产品价格适度增长是增加农民收入最直接的途径。但问题是，我们这个社会长期以来对农产品价格增长的容忍度太低，哪怕有微小的变动都会引起恐慌。由此导致了我们一直非常奢侈地以全世界最低的价格，消费着实际生产成本十分高昂的农产品。从长期来看，这种状况必须改变。

近年来，我国农民收入经历了较快增长，但不容忽视的是，城乡居民收入差距在农民收入较快增长的同时仍然在加大。增加农民收入、缩小城乡差别具有重要的战略意义，正像温家宝总理所说：如果收入分配不公没有改善，再遇上腐败与通胀，三者齐临，社会稳定与政权巩固都会出现风险。

在增加农民收入问题上，并无捷径，不过从中长期角度着眼，增加农民收入主要应该从如下途径出发。

一是在提高社会对农产品价格适度增长容忍度的前提下，适度提高农产品价格。农产品价格适度增长是增加农民收入最直接的途径，要在遵从市场规律的前提下，容许农产品价格适度、稳定上升。例如,2009年全国粮食总产量1万亿斤,如果每斤增加5分钱,农民可以从这一项中增加500亿元收入。但问题是,我们这个社会长期以来对农产品价格增长的容忍度太低,哪怕有微小的变动都会引起恐慌。由此导致了我们一直非常奢侈地以全世界最低的价格,消费着实际生产成本十分高昂的农产品。从长期来看,这种状况必须改变。

二是发展高端高效农业,调整农业结构,增加农业收入。随着农业剩余劳动力逐渐减少,农业生产中机械、种子、化肥、农药等投入大幅度上升。在这种情况下,如果农产品价格不能增长的话,最后农民真正得到的利益是非常有限的。发展现代化农业和高效农业的条件逐渐成熟,应该积极推动农业的生产方式向现代化农业和高效农业转变。

三是利用劳动力市场机制提高工资性收入。2010年以来,沿海地区农民工工资提升非常快,这对增加农民收入具有重要意义,因为工资性收入已经占到农民收入的40%。

四是通过城镇化和工业化创造更多的就业机会。尽管真正从事农业生产的农民数量已经大大减少,但我们仍然可以发现,在家从事农业生产的农民,可能是由于农业自然再生产规律因素的作用,他们劳动时间的利用仍然是不充分的。

五是在WTO框架内,在不突破AMS总约束水平的前提下,提高政府对农民的直接补贴,提升补贴水平,增加农民收入当中转移性收入的比例。在政府有财力的情况下,这也是增加农民收入的一个最直接的方式。人均城乡居民转移性收入差距不断缩小,一个重要原因是农民得到的政策转移性收入持续增加。

(杜志雄　中国社会科学院农村发展研究所研究员)

尚强民：
警惕“任意库存”黑洞

企业“任意库存”的变化基本不在政府的监测视野之内，政府对此缺少全面的定量监测与及时完整的统计数据，于是“任意库存”成为吸纳巨量粮食的黑洞。黑洞现象的存在使人们无法认清真实的供求关系，市场信心进一步被动摇，看涨预期进一步增强，增加库存行为又被进一步强化。

前些天看报有感，写了一篇短文，题目是《“任意库存”与“价格波动”》，对库存变化问题进行了一些分析。文中写道，以往我们进行粮食库存性质分类，如中央储备、地方储备、商业库存等，主要是从管理的需要出发的。在进行市场行情分析时，还需要从市场的角度对粮食库存进行新的分类，将库存分为“非任意库存”和“任意库存”。

“非任意粮食库存”是实现粮食流通顺畅的前提。一家面粉加工企业要维持正常生产，需要建立一定数量的原料小麦库存；一家面粉贸易企业要维持正常销售活动，需要建立一定数量的面粉成品库存。在途粮食原料或成品，也是“非任意粮食库存”的表现形式。正常的国家储备库存则是政府为了保障粮食市场稳定而建立的必要的粮食库存。所有这些为了实现粮食供应系统能够正常运行的库存均归入“非任意粮食库存”。

“非任意库存”是市场正常运转必然需要的，没有那么多库存，就会出问题，如企业停产、贸易活动暂停、难以应对市场波动等。

与“非任意库存”相对应的是“任意库存”。“任意库存”是指高出粮食供应系统正常运转所需库存数量的那部分库存。在企业层面上分析，“任意库存”增加同企业预期高度相关，是企业对市场作出判断后为了追求经济利润而增加的库存。

在粮食价格上涨的过程中，如果企业认同未来粮食价格还会上涨的预期，便会主动提高库存水平，这些由企业“任意”增加的库存，在市场中表现为“真实存在的需求”，虽然不是最终市场需求，但却是有效需求，市场阶段性供求关系会因此而改变，粮食市场价格也会由于企业“任意库存”增加而被推高。

由于企业“任意库存”的变化基本不在政府的监测视野之内，因此对于“任意库存”的变化，政府缺少全面的定量监测与及时完整的统计数据，于是“任意库存”成为吸纳巨量粮食的黑洞。黑洞现象的存在使人们无法认清真实的供求关系，市场信心进一步被动摇，看涨预期进一步增强，增加库存行为又被进一步强化。

如果预计未来粮食价格会下跌，企业便会主动减少库存或推迟采购，以期获得因库存减少而增加收益，或是减少因价格下跌带来的库存价值下降而形成的损失。这种库存减少对于市场而言或是供给增加或是需求减少，市场价格因供给增加或是需求减少而下跌。

“任意库存”变化是市场变化的基本表现形式，“任意库存”变化既可以表现为粮食市场的一般波动，也可以表现为粮食市场的剧烈波动。对于“任意库存”行为及其可能造成的结果，一定要充分重视。

（尚强民　国家粮油信息中心主任）

徐小青：
尽快传递信息　稳定价格预期

目前，中国小麦和玉米国储充裕，基本供求关系没有发生变化。政府应尽快把信息传递给社会，同时加强拍卖，很快就能稳定住价格。对于生产环节、流通环节中不合理的地方，要通过完善体制、加强机制建设来改革。而如何避免一些偶然因素引起价格大幅波动，则是很值得思考重视的问题。

2010年年初开始的粮食、蔬菜、水果及其他部分农产品的价格轮番上涨，强化了市场对夏粮价格走势的更高预期。

自2010年5月份CPI超越3%红线之后，价格成为敏感神经，发改委曾6次针对价格问题发文。农产品价格的波动是否会持续，又会对CPI造成什么样的影响，成为社会关注的焦点。

从小麦、玉米等大宗农产品现实情况来看，现在我国小麦供求基本平衡，产能比较稳定，稻米有些风险，主要是由土地被占得偏多偏快造成的。但是，从总量来讲，二者基本平衡，国家政策也要求口粮基本自给。

玉米作为工业饲料用粮，也需要保持自给的状态。随着畜牧业的发展，饲料用量越来越大，工业用途也发展得非常快。在中期或者更长一段时间内，玉米可能要进口一些，但目前供求基本平衡。

"十二五"期间，我国玉米生产大体可以保持平衡，进口不会太多。最主要的口粮品种立足本国资源，保证基本自给，从粮食安全的角度来讲，这是必需的。

目前，中国小麦和玉米国储充裕，基本供求关系没有发生变化。政府应尽快把信息传递给社会，同时加强拍卖，很快就能稳定住价格。

农产品市场的价格波动是正常的，国家要防止的是价格的大起大落。

对于生产环节、流通环节中不合理的地方，要通过完善体制、加强机制建设来改革。

降低流通成本，使国家的支持保护政策对生产者有利，保护他们的生产积极性，增加他们的收入；完善流通体制，避免一些偶然因素引起价格大幅波动。这些都是很值得思考重视的问题。

因为农民的收入在增加，投入的成本在提高，即便供求关系不发生明显变化，价格也会缓慢平稳上升。要对全面通胀的可能性保持警惕，但不能认为就是农产品价格问题引起的，主要还是因为市场上资金充裕。

对此，政府应该加强对市场的宏观调控。国家制定了2020年粮食发展中长期规划，很重要的一点是：保有生产能力，继续完善对粮食生产的支持和保护政策，有效保护农民种粮的积极性，不断完善市场体系，推动加工、储存和物流体系建设等。

（徐小青　国务院发展研究中心农村经济研究部副部长）

邓大才：

及时发布权威信息
压缩“炒粮”空间

“人造性”粮食安全问题是一个利益取向和心理问题，解决难度大，必须由比较客观中立的政府机构或者研究机构作出审慎的、科学的评估和判断，而不能由具有利益关系的管理部门、专家和新闻媒体来主导和发布。不能笼统地谈论粮食安全问题，笼统地要求中央采取干预措施。

对于粮食安全问题，经常会有“狼来了”的叫喊声，但是“狼”并没有来，其原因就是很多所谓的粮食安全问题是“人造性”的粮食安全问题，而不是现实存在的。

从诱致动因来看，粮食安全问题可以分为四类：市场性粮食安全问题、能力性粮食安全问题、灾害性粮食安全问题、“人造性”粮食安全问题。

市场性粮食安全问题又可以分为三种类型：一是粮食产业整体性比较效益低而诱致的粮食安全问题，二是粮食产品阶段性的低价格诱致的粮食安全问题，三是国内外大资本投机性介入诱致的粮食安全问题。

能力性粮食安全问题包括耕地数量、耕地产能、速生粮食生产能力、技术和管理等四个方面。

灾害性粮食安全问题可以分为三类：一是局部性灾害诱致的局部减产，二是产业性灾害诱致的某类粮食产品短缺，三是整体性灾害诱致的重大减产。

"人造性"粮食安全问题不是由粮食短缺诱致的，而是由社会性心理恐慌和舆论夸大其词"制造"出来的。

首先，是新闻媒体的夸大性报道。记者根据对某些专家的采访而夸张性地报道，但是被采访的专家可能并没有掌握总体情况，也可能不是粮食问题方面的专家，其话语会带有片面性，加上新闻媒体对轰动效应的追求，致使媒体和记者反复炒作粮食安全这个话题，再次将粮食安全问题放大。其次，新闻舆论会诱致消费者和相关投资者形成粮食短缺的心理预期。这种心理预期一旦形成，就会如通胀预期一样，无限放大，从而将一个根本不存在或者并不大的问题变成一个大问题，将一个纯粹的产业性问题变成一个公共性问题，将一个经济性问题变成一个社会性问题。

"人造性"粮食安全问题是一个利益取向和心理问题，解决难度大，必须由比较客观中立的政府机构或者研究机构作出审慎的、科学的评估和判断，而不能由具有利益关系的管理部门、专家和新闻媒体来主导和发布。对于粮食安全水平要有一个基本判断标准，根据减产的程度确定粮食安全的等级，不同的安全等级采取不同的应对策略，而不是笼统地谈论粮食安全问题，笼统地要求中央采取干预措施。

总体而言，粮食安全问题要客观化、标准化、科学化，避免人为的、主观的因素干扰。另外，粮食安全问题并不可怕，只要能够辨别粮食安全问题的类型，就能够评估粮食安全的程度，并能够有的放矢地制定缓解的有效策略。

（邓大才　华中师范大学中国农村问题研究中心副研究员）

李长安：

加快转变发展方式 降低食品安全风险

食品安全问题频发与我国经济发展方式的缺陷有直接关系。目前，中国的经济发展方式正在由粗放型向集约型转变，但粗放经营、规模小、技术手段落后仍是食品生产和经营的主要方式。由于法律体系不健全和执法不严等原因，我国大量的食品生产加工企业处在法律监督的“盲区”。

为了惩处食品安全领域的违法犯罪行为，最高人民法院等4部门2010年9月公布了《关于依法严惩危害食品安全犯罪活动的通知》，其目的就在于切实保障广大人民群众的生命健康安全。

食品安全问题是世界各国都面临的一个难题。以世界上头号发达国家美国为例，据统计，近年来美国平均每年发生的食品安全事件达350宗之多，比20世纪90年代初每年增加了100多宗。就在不久前，美国还遭受了感染沙门氏菌的“问题鸡蛋”的冲击。

中国作为世界上最大的发展中国家，其食品安全问题尤为突出。食物中毒报告是反映食品安全水平的一个重要方面。根据世界卫生组织估计，发达国家食源性疾病的漏报率在90%以上,而发展中国家则在95%以上。从目前的统计数字来看,中国每年食物中毒报告例数为2万~4万人,但专家估计这个数字尚不到实际发生数的1/10,也就是说,中国每年食物中毒例数在20万~40万人。

毫无疑问,造成食品安全问题的原因有多种。但不可否认的是,食品安全问题频发与我国经济发展方式的缺陷有直接关系。目前,中国的经济发展方式正在由粗放型向集约型转变,但粗放经营、规模小、技术手段落后仍是食品生产和经营的主要方式。由于法律体系不健全和执法不严等原因,我国大量的食品生产加工企业处在法律监督的"盲区"。据不完全统计,我国现在有40多万家食品生产加工企业,获得生产许可证的,共有12万家,有十六七万家获得相关的证照,但是没有获得生产许可证,还有十六七万家是什么证照都没有获得的。

食品安全问题也与农村经济发展方式落后有关。只有提高农民素质,增强他们的食品安全意识,才能从源头上把好食品安全关。据商务部对农村生产者的一项调查显示:相当一部分农民不知道国家明令禁止使用的农药和兽药目录;近50%的农民在使用农药和兽药时没有农业技术人员指导,只是凭感觉使用,一药多用现象相当普遍;近70%的蔬菜上市前没有经过产地检验。因此,如果不改变农村生产方式,增强农民的食品安全意识,食品安全问题就无法从源头上得到解决。

目前,我国的食品工业总产值达到5万亿,占到全国工业总产值的9.1%,仍然具有较大的发展空间。因此,在食品工业数量扩张的时期,加强监管体系建设显得尤为必要。而加快发展方式的转变,更加重视食品质量,走规模化发展道路,则是将食品安全风险降到最低点的必然选择。

(李长安　对外经济贸易大学公共管理学院副教授)

陈和午：

透视宏观因素 还原农产品深层推手

天量的钞票进入到市场，农产品成为投机炒作的重点对象。流动性泛滥使超级通胀早已暗流汹涌。农产品价格和通胀之间的影响看起来是个鸡和蛋的问题，但两者之间的共振却是事实。农产品价格大幅上涨，往往会造成通胀，而通胀预期的加重，反过来也会进一步强化农产品价格上涨。

2010年10月下旬，农产品再次成为耀眼明星。农产品期货近乎疯狂，资本市场农业股也是亮点纷呈，而现货市场农产品价格涨势方兴未艾。

从宏观角度来理解，此轮农产品飙升与实体经济环境不佳下的货币政策宽松、农产品流通体制严重缺陷、经济增长周期以及城市化大跃进中的农村"三化"格局都密切相连。

首先，宽松货币环境的推动。2008年10月至2010年9月两年时间内，中国新增贷款17.3万亿，月均超过7000亿，如此天量的钞票进入到市场，必然要寻找出路，而在实体经济"国进民退"浪潮汹涌和楼市调控趋严的风声中，在长期扭曲的工农产品价格"剪刀差”态势下,农产品成为投机炒作的重点对象。

其次,农产品流通体制的严重缺陷为价格上涨提供了制度缝隙。目前,农业所面临的“小生产与大市场”矛盾仍然异常突出,农产品流通成本一直无法“瘦身”的问题并未得到根本解决,农产品流通中始终存在着“两头叫、中间笑”的怪相,即农民抱怨赚不到钱,消费者声称菜价太高,而中间商却得益颇丰。

再次,超级通胀的经济增长周期暗流涌动为农产品价格上涨提供了共振环境。经历了2008年全球金融危机之后,中国新一轮经济增长周期正在形成,而天量信贷引发的流动性泛滥使超级通胀早已暗流汹涌。农产品价格和通胀之间的影响看起来是个鸡和蛋的问题,但两者之间的共振却是事实。农产品价格大幅上涨,往往会造成通胀,而通胀预期的加重,反过来也会进一步强化农产品价格上涨。

最后,城市化大跃进中的农村“三化”格局为农产品价格上涨提供了支撑的土壤。伴随着新一轮城市化的快速推进,农村“三化”现象(农村空心化、农田抛荒化、城镇侵占化)开始愈演愈烈,这是农产品价格上涨的长期支撑力。

在种粮比较效益低的局面下,农村劳动力在加速流出,农村空心化现象日益突出,这是农产品价格上涨背后的残酷现实。农村空心化则加剧了农田抛荒化。而在各地城镇化迅猛发展的浪潮中,地方政府违法侵占耕地的现象屡禁不止,1996~2009年,全国耕地面积由19.51亿亩减少到18.25亿亩,减少了1.26亿亩,这一数字超过了产粮大省河南省的全部耕地面积。尽管从数字上中国18亿亩耕地的“红线”目前还没有被突破,但以占补平衡制度为基础的耕地质量状况堪忧,此18亿亩耕地已非彼18亿亩耕地了,耕地的减少和质量下降,加上农业人口的减少和农产品刚性需求的增加,必然造成粮食价格攀升。

(陈和午　正略钧策管理咨询顾问)

蒋高明：
“人懒地馋”如何粮安天下

一方面，农民放弃农耕，进城去打工，耕地荒芜；另一方面，善于经营、颇具生意头脑的南方人不愿意伺候土地了。“够自己吃就行了”，这是南方农民的普遍心态。我们的粮食产量是以大化肥、大农药、大量消耗地下水为代价的，农业环境污染严重。如果离开了化肥，地力实际上是下降的。

人多地少是中国的基本国情。18亿亩耕地要生产出13亿人吃的食物，这在全球任何国家都是难度最大的。几十年来，中国人凭着自己的勤劳智慧，基本实现了用7%的耕地养育了世界21%人口的奇迹。即使如此，中国粮食安全问题依然不容乐观，这正是中国科学家希望通过生物技术措施来解决13亿人吃饭问题的核心理论依据所在。

然而，制约我国粮食产量进一步提高实际上另有瓶颈，那就是人越来越懒了。一方面，农民放弃农耕，进城去打工，耕地荒芜；另一方面，善于经营、颇具生意头脑的南方人不愿意伺候土地了。“够自己吃就行了”，这是南方农民的普遍心态。

地也越来越馋了。我们的粮食产量是以大化肥、大农药、大量消耗地下水为代价的，农业环境污染严重。如果离开了化肥，地力实际上是下降的。

据国土资源部完成的《中国耕地质量等级调查与评定》显示：我国优等地和高等地仅占32.6%，中等地占50.6%，低等地占16.7%，其中西部地区和东北地区耕地平均质量较低。上述结果是综合自然条件、耕作制度、基础设施、农业生产技术及投入等因素得出来的，是比较科学的。这就是说，我国18亿亩耕地中，高产稳产田仅占1/3，中低产田占2/3。

如果将中产田改造为高产田，将低产田改造为中产田，我国粮食产量的提升还是有很大空间的。

因此，中国的"粮安天下"之道，必须还得从人与地的矛盾分析入手。

目前，我国农业还存在比较严重的问题，突出表现在：农田基本建设弱化，农民之间的互助合作没有了。这两年的大旱就暴露出了各种问题。恢复并提高地力，减少环境污染，则需要生态学的解决之道。

中国要应对粮食危机，在农业制度上，应继续坚持既有的农村基本经营制度不变，扶持小农合作，发展合作农业；在技术上，应根据农作物生长规律，保证水、肥、气、热各种环境要素不退化，用地养地，实现生态循环型农业；在资金使用上，要保证国家各种涉农资金落实到农民头上，提高农民种粮的积极性。唯有这样，才能在人多地少的客观条件下，引领农民走"粮安天下"之道。

生物技术要不要搞？种子要不要改良？当然要，但必须是中国人的原始创新。要接受阿根廷、巴西农业的教训，时刻警惕国外种子公司控制中国的粮食生产主权。

（蒋高明　中国科学院植物研究所研究员）

冯纪福：
茶油高端之战需破局利刃

高端食用油应有两个不容忽略的重要因素：一是产品具有稀缺性；二是产品具有尊贵的消费体验和附加值，能够满足高收入、高阶层消费人群的物质和精神需求。茶油与普通食用油相比，其高端食用油的形象已经在消费者心目中逐渐形成。至少在现阶段，茶油的目标消费者应是高收入、高阶层消费人群。

在2010第四届中国（北京）国际健康营养食用油产业博览会上举办了油茶产业发展论坛，针对当前油茶产业（已经受到中央高度重视）前景乐观而茶油市场营销并不乐观的现状，冯纪福认为，从战略层面上需要重新对茶油进行市场定位，并且以市场定位为核心，以品牌和渠道建设为抓手，实现茶油销售的突破。

茶油的保健功能虽然突出，但是其保健功能和橄榄油、米糠油等健康营养食用油有很多重叠之处。

冯纪福认为，在消费者对茶油的整体功能存在心中形象模糊、认知度和记忆度不清晰、输出概念不统一的情况下，可以考虑突出茶油的某一项保健功能，推出针对特定市场的产品,如面向“三高”人群的降脂食用油、面向孕妇的保养食用油、面向老年人和亚健康人群的养生食用油等。

当然,突出茶油的某一项保健功能并不是否定其他保健功能,也不是把茶油当做单一保健功能油来卖,而是鉴于当前市场认知度不高,通过这种方法加速消费者对茶油保健功能的认知,尽快打开市场局面,在消费者对茶油的认知度和接受度达到一定程度后,再进一步宣传茶油的整体保健功能,提升茶油的整体市场占有率。

冯纪福指出,得益于自身功能与价格,茶油与普通食用油相比,其高端食用油的形象已经在消费者心目中逐渐形成。既然是高端食用油,至少在现阶段,由于受经济发展水平的影响,茶油的目标消费者不应当是最广大的消费大众,而应是高收入、高阶层消费人群。

高端食用油应有两个不容忽略的重要因素:一是产品具有稀缺性;二是产品具有尊贵的消费体验和附加值,能够满足高收入、高阶层消费人群的物质和精神需求。拿白酒行业为例,茅台酒体现了产品自身尊贵、稀缺的价值,而这种价值正是高收入、高阶层消费人群的价值取向所在。

冯纪福提出,高端食用油的准确定位应是:以某种稀缺的植物油种为原料精炼而成,具有尊贵的消费体验和附加值,仅满足部分高收入、高阶层消费人群需求的高价位产品。在这一定位下,就不应突出茶油相对于橄榄油的价格优势,而应突出茶油的保健功能和消费附加值。

当然,市场定位高带来的往往是市场占有率较低,但随着人们生活水平的提高,未来可以通过品牌和产品延伸的方法将茶油的目标市场转为家庭市场。

(冯经福　中国油茶经济研究专家、安徽省油茶产业协会常务副会长)

周　立：

透视粮价波动推手 完善粮食国际战略

中国需要制定综合性国际和国内粮食战略。在粮食战略的实施上，需要编制种子研发、粮食生产、粮食流通、粮食储备、粮食加工、粮食消费等方面的综合计划，并进一步作出立法规范；需要将其与国家能源战略、金融战略、贸易战略，甚至军事战略相配合，以确保国家的粮食安全。

近年来，自然资源虚拟贸易理论甚为流行。有人认为，中国应该进口更多粮食，这就相当于进口耕地和水，避免了可能的污染。在一定意义上，这一理论确有道理。但是，考虑到中国的人口规模和粮食需求量这一基本国情，根本不可能靠国际粮食贸易保障粮食安全，只能适当进口，不能依靠进口。

透视国际粮价波动的背后，有两股主导性的力量——粮食商品化和粮食政治化。

在粮食商品化和自由贸易条件下，跨国粮商的运作模式主要是做到“三个全”：全球化经营、全环节利润和全市场覆盖。全球化经营可以使得采购成本、研发成本、销售成本等达到全球最低。全环节利润是指跨国粮商的业务，贯穿了整个产业链，并采用参股、控股、联盟、上下游整合等诸多方式，控制从研发、投资、生产到下游所有的加工、销售等各个环节，可以轻而易举地打击产业链上的任何环节。全市场覆盖是指跨国粮商的多样化经营。他们不仅做粮食、做种子，还参与到农产品和食品加工领域；他们不仅做现货，还做期货，等等。多样化经营可以降低风险，又可以相互呼应。

所谓粮食政治化，就是利用粮食的战略物资属性，将粮食当做推行一国国际战略的重要手段，达到影响甚至控制他国的目的。至少有五种方法使得粮食成为国际战略手段：粮食援助、粮食贸易自由化、粮食补贴、生物能源和转基因技术。前三种属于传统手段，粮食战略实施国可以用来削弱甚至替代他国的粮食生产和消费体系，加强其粮食体系的控制力，并消化其过剩产能。21世纪以来，将生物能源作为类似粮价遥控器的武器，就能在控制粮价上更加游刃有余。想让粮价上涨，就简单地宣布加快实施生物能源计划；想让粮价下跌，就宣布暂缓实施生物能源计划。转基因技术在近十年的发展过程中，开始变成第五种战略手段，使得极少数有能力实施进攻性粮食战略的国家又掌握了更为致命的技术手段，甚至堪称生物武器。通过技术垄断和捆绑销售，实现了巨额的经济利益。

中国保持粮食基本自给，重点需要解决四大问题：种粮比较收益过低，粮食供需区域性和结构性矛盾突出，耕地面积不断减少，建立完善综合性国家粮食战略缺失。

中国需要制定综合性国际和国内粮食战略，并与其他国家相配合。在粮食战略的实施上，需要编制种子研发、粮食生产、粮食流通、粮食储备、粮食加工、粮食消费等方面的综合计划，并进一步作出立法规范；需要将其与国家能源战略、金融战略、贸易战略，甚至军事战略相配合，以确保国家的粮食安全、民族的生存发展和社会的长治久安。

（周立　中国人民大学农业与农村发展学院教授）

张荣胜：
粮食市场“三分天下”未必可取

粮食安全既要以充足的粮食生产总量为基础，又要以现代的市场供应和与之相适应的物流设施、储备体系为条件。没有后者，即使拥有充足的粮食也难以保障人人有饭吃。主渠道在社会粮食流通量中不仅所占数量比重较大，而且具有促进生产、引导流通、稳定市场的能力和导向作用。

有关业内人士曾指出，粮食流通最好的市场比例是“三分天下”，国企1/3，外资1/3，民企1/3，这是比较合理的经济结构。

“三分天下”粮食市场结构真的合理吗？笔者并不这样认为。

粮食流通必须有一个主渠道。主渠道在社会粮食流通量中不仅所占数量比重较大，而且具有促进生产、引导流通、稳定市场的能力和导向作用。因此，在多渠道流通中必须确立一个由国家控制的粮食流通主渠道。

其一，粮食是关系国计民生的重要战略物资，粮食安全既要以充足的粮食生产总量为基础，又要以现代的市场供应和与之相适应的物流设施、储备体系为条件。没有后者，即使拥有充足的粮食也难以保障人人有饭吃。我国是一个粮食生产大国，但同时也是一个粮食消费大国，粮食流通任务非常繁重，保持粮食供求平衡就必须有一个与之相适应的主渠道。

其二，市场经济条件下，粮食市场的正常运营主要是靠供求、价格、竞争等“看不见的手”来引导资源配置和主体行为的，但市场也并非是万能的。国家对市场进行有效调控就是靠主渠道这一载体。2010年以来，国际市场粮价风起云涌，而国内市场粮价却从容稳定，国有粮食企业的主渠道作用可以说起到了决定性的作用。

其三，粮食是受自然条件制约的风险性、低效益性、公益性的弱质产业，粮食购销市场化，粮价主要是由市场供求决定的，它受供求关系等诸多因素的影响，随时都可能升降变化。当粮食严重供过于求、粮价严重低迷时，没有主渠道以保护价收购农民余粮，就会发生农民“卖粮难”的现象；相反，当粮食严重供不应求、粮价暴涨时，没有主渠道落实国家宏观调控措施，就会发生市场动荡的问题。多年来我国粮食市场基本没有发生农民“卖粮难”的现象，没有重蹈粮食生产大起大落的怪圈，国有粮食企业的主渠道作用功不可没。

外资进入我国农业的一些领域，带来了先进的生产技术、管理经验和资金，对促进行业竞争和技术进步有一定的作用。但同时我们也必须看到，外资进入我国农业是一把双刃剑，对我国的粮食流通亦带来很大风险。

客观地讲，在商言商的跨国巨头并非是扶持中国农业的“慈善家”，之所以青睐中国市场，看中的是中国庞大的粮食生产和消费能力。

中央党校“三农”问题专家徐祥临表示，我国的国有粮食流通体制确实存在很多问题，但我们需要的是改革机制，不是非得要外资进入，因为粮食流通涉及国家的命脉问题。

（张荣胜　河北省沧州市粮食局干部）

党国英：
支农的钱怎么花才好

2009年，中央加地方所花的钱应该超出一万亿了。但是，支农的头绪多，支农政策落实力度不平衡，支农项目的设计目标和实际目标有差异。拿种粮直补来说，各地基本上按照农户的土地面积发放补贴，而不管种植效果如何。这个补贴其实是平均地补了农民的生活，并不能激励农民多产粮食。

国家对“三农”的投入越来越多，这么多的钱能不能花得更有效率一些，使支农资金输送途中少些“弯弯绕”，把公共财政的钱真正用在刀刃上呢？

近几年笔者在农村作了不少调查，的确看到农村的面貌一天天在变化。国家花了那么多钱，总会有一些效果。事实上，国家花的钱的确不少。2009年，中央加地方所花的钱应该超出一万亿了。这个数字估计和欧盟的支农支出差不多（早已超出欧盟2003年850亿美元的支农支出）。这个钱能不能花得更有效率一些？这个问题农民关心，基层干部关心，学者也关心。从观察来看，支农支出有下面一些问题需要注意。

支农的头绪多。笔者的不完全记录表明，现在中央副部级以上的单位一共有三十个左右有支农项目，其下面列了一百二十多个项目，一个项目可能有三个部委级单位分别按不同名目实施，如农村流通领域就是这样。

支农政策落实力度不平衡。那么多的项目，有的效果好，有的效果则不是很好，或者不同地区落实的情况不平衡。

支农项目的设计目标和实际目标有差异。拿种粮直补来说，各地基本上按照农户的土地面积发放补贴，而不管种植效果如何。这个补贴其实是平均地补了农民的生活，并不能激励农民多产粮食。如果真要补农民的生活，还是通过其他计划实现更好。

地方配套难。中央已经想了办法解决这个问题，尽量不要求地方配套，但问题还是存在。这导致地方报项目时尽量往大报，或者一个项目多头报，上级检查项目时用换招牌的办法来应付。

一时半会儿要完全解决上述问题是很难的，但采取一些措施总会好一些，以下办法不妨一试。

第一，扩大地方特别是县一级政府使用支农资金的自主权。有关部门在这方面已经做了试点工作，应及时总结经验全面推广。县一级政府可以“打包”使用资金，将类别相近的项目整合起来使用。

第二，公开项目的实施计划。各部委应将自己的支农项目主要实施内容全面向社会公开，公开内容包括资金数量、责任人、目标要求、完成期限和验收记录等。

第三，改进项目的监督办法。每个项目都应有监督机构，如成立监督委员会或小组，其成员应有农民代表参加。项目的验收也应有受益农民参与。

（党国英　中国社会科学院农村发展研究所研究员）

郑学勤：
慎言通胀合理　尽快稳定预期

通胀的最大推手是通胀预期。如果人人都相信价格上涨是必然的，那么原料和商品就会顺理成章地不断提价，工资和福利不断提高，资产投机泡沫迭升，储蓄额递减，利率政策失效。商品价格信息透明是对付通胀预期的一个重要手段。在这方面，期货交易起着不可或缺的作用。

能够迅速摧毁一个国家国民财富的，除了战争恐怕就算恶性通胀了。在物价骚动人心不稳的时候，无论是经济学家、媒体还是政策制定者，在缺乏全面数据和科学理论的情况下，都不应当轻易提倡通胀合理论。

德国1923年的通胀是有名的例子。通胀高峰时1美元等于4万亿马克。有专家指出，德国的通胀摧毁了不计其数的道德和知识价值，带来了巨大的贫富差异，导致希特勒上台这样严重的后果。

在20世纪80年代，时任美联储主席的沃尔克同美国通胀进行恶战的时候，由于原油价格上涨了30%，越南战争耗资巨大，美国几乎人人都相信通胀是不可避免的。沃尔克以一场经济萧条和几千万人的失业为代价，才改变了人们的通胀预期。

近期西方政府偏向于实行温和通胀的货币政策，对美国这样金融靠信用和债务的国家来说，通胀有它的好处，因为通胀可以减轻债务。相对而言，对中国这样有一分钱才花一分钱，居民和政府持有大量储蓄的国家来说，通胀带来的损失会大得多。

通胀的最大推手是通胀预期。如果人人都相信价格上涨是必然的，那么原料和商品就会顺理成章地不断提价，工资和福利不断提高，资产投机泡沫迭升，储蓄额递减，利率政策失效。

国内的通胀预期同原材料、能源和粮食的涨价密切相关。由于这些生活必需品需要大量进口，国际上主要商品又以美元定价，因此美元贬值的预期成了输入性通胀的主要起因。

不过，在世界商品价格的决定机制中，中国绝没有处于完全被动的地位，许多国际大宗商品的价格在很大程度上取决于中国的需求。为了减少输入性通胀，国内企业在国际商品和期货市场上应当改变那种多头出击、自相竞争和盲目抬价的运作方式。

商品价格信息透明是对付通胀预期的一个重要手段。在这方面，期货交易起着不可或缺的作用。与区域性的商品交易市场不同，期货交易能够相对全面地及时综合国内和国际某种商品目前及未来供需关系的宏观和微观信息；与一般的电子交易市场和场外市场不同，期货交易所是有监管的市场。商品市场对基本面信息的反应比对股市的反应更强烈，肥尾现象更严重，因此需要有机构和个人的金融运作来帮助稳定价格。过度的金融运作会在短期内扭曲供需关系，增加通胀预期；合理的金融运作有助于商品的价格发现，为商业运作提供套保空间。为了保证物价平稳、防止输入性通胀，国内在期货交易方面的视野应当更开阔一些。

（郑学勤　芝加哥期权交易所董事总经理）

Part 3

行业前瞻

在粮食全球化、能源化、金融化国际语境下，采取宏观视角，考察工业化、城镇化背景下我国实现农业现代化的路径，关注粮食安全及粮食经济的全局性、综合性、战略性和长期性问题，为确保国家粮食安全提供政策建议和咨询意见，体现科学思想、科学精神和科学方法。

赵其国：稳耕地红线确保粮安需改变农业生产方式

保障粮食安全，仅靠现有耕地数量和农业生产方式是不行的，应实行“扩量、提质、增效、持续增产”的十字战略方针，改变我国农业生产方式。这是一项系统化的大工程，不能一蹴而就，需要相关部门、社会各界、科研院所通力合作，积极构建耕地开发与保护、粮食增产与稳产的政策框架体系。

耕地红线如何保护，粮食安全如何保障，已成为当前我国急需解决的重大问题。笔者认为，仅靠现有耕地数量和农业生产方式是不行的，应实行“扩量、提质、增效、持续增产”的十字战略方针，改变我国农业生产方式。

我国农业开发历史悠久，绝大部分优质土壤早已垦种，新中国成立后又历经数次大规模开垦，宜农后备土地资源所剩无几，耕地资源扩量难度大。要破解“扩量”难题，应该从土地资源的“替代”和“改性”扩量两个方面入手。其中，“替代”扩量，包括后备土地资源开发、土地整理和土地复垦等三大举措，预计可新增耕地1亿亩；“改性”扩量主要通过对盐渍化、沙化、酸化和侵蚀等障碍性土壤改性治理，实现耕地资源的扩量，预计可新增耕地1.2亿亩。

如何“提质”，具体就是要实行“三增二减”的措施：“三增”就是增加10%~15%的水肥效率，增加10%~15%的复种指数，增加农业科技投入；“二减”就是减少10%~15%的水肥能耗，减少30%~40%的中低产田。

“增效”并不是简单地提高粮食生产能力，而是通过“扩量”和“提质”工程，使耕地数量和质量提高，既满足了经济社会发展对空间的需求，又为农业多种经营、构建完善的农产品产业链奠定了基础，保障了农业从传统的农产品生产，向农业一产、农业二产及农业三产综合经营的合理转变。通过对耕地资源的合理保护和开发，在农产品生产中充分体现农业产业化的价值、加工的价值、产品的价值，不仅把水土弄好，更重要的是确保农业生产者有合理的收入，体现出耕地资源和农业生产的价值所在，这是“增效”的本质。

“持续增产”则必须发展生态高值农业，解决我国耕地保护和农业发展中的矛盾，实现生态农业与环境保护协调发展，开发提升农产品高附加值，实现农产品高产、高质、高效以及科技、市场、产业经济价值，是今后合理利用耕地资源，保障粮食安全稳产的方向。而当务之急是要重建公众对食品安全的信心，同时建议考虑推进从农田到市场，再到餐桌的便捷模式，减少销售渠道，还利于农，让农户真正在耕地上获得收益，积极生产。

“扩量、提质、增效、持续增产”的十字战略方针是一项系统化的大工程。其中“扩量”、“提质”是保障途径，“增效”是根本目标，“持续增产”是发展方向，不能一蹴而就，需要相关部门、社会各界、科研院所通力合作，积极构建耕地开发与保护、粮食增产与稳产的政策框架体系。

（赵其国　中国科学院院士、中国科学院南京土壤研究所研究员）

高 帆：

优化生产方式 使狭义农业走向广义

狭义农业是指农民主要依靠劳动和简单工具，在分散化条件下进行以粮食作物为主要类型、以自我消费为基础指向的农业生产方式。当前，我国广大农村地区已脱离纯粹意义上的狭义农业，正在走向广义农业。从狭义农业走向广义农业是一个涉及要素投入、产业转型、技术进步、体制变革的系统性工程。

随着市场化进程不断推进和农民利益诉求持续增强，传统的农业生产方式很可能因经营效率低下而对农业发展产生不利影响。因此，如何准确把握并适应外部格局转变，促使农业形态从狭义农业走向广义农业，借此实现农业安全和农民增收的双重目标，成为当前的重要课题。

狭义农业是指农民主要依靠劳动和简单工具，在分散化条件下进行以粮食作物为主要类型、以自我消费为基础指向的农业生产方式。当前，我国广大农村地区已脱离纯粹意义上的狭义农业，正在走向广义农业。这个过程，可分为5个层次：

第一个层次：粮食生产层面，粮食增产从过度倚重农业资源转向资源利用效率。

在土地、水等资源刚性制约日益显著的条件下，粮食增产的支撑力量必须从强调物质资源消耗转向要素利用效率提高。

第二个层次：种植业结构层面，农业结构必须从以粮食作物为主转向粮食作物和非粮食作物均衡发展。农业内部产业结构调整首先需要重塑粮食作物和经济作物之间的比例关系。在粮食生产效率提高和居民消费需求转变的前提下，农业经营者应根据比较收益，在不同作物生产间选择，而且政府应对这种选择予以尊重并提供良性体制环境。

第三个层次：大农业结构层面，应在种植业、养殖业及其他农业生产之间形成良性结构。在工业化、城市化、市场化快速推进的背景下，我国农业生产结构必然会依据市场需求发生趋势性转变：直接粮食生产相对下降，间接粮食（肉、禽、蛋、奶及水产品等）生产相对上升，农业的生态、体验、休闲等服务功能相对增强，种植农业占主导也随之转变为种植、养殖和服务协同发展的格局。

第四个层次：农业经营领域层面，农业发展从生产领域逐步拓展至从田间到餐桌的整个产业链。当前，我国很多农村地区仍以农业生产为主体，未来应在考虑地区和个体差异的基础上，促使农业经济逐步从中间生产环节拓展至产前研发和产后营销等环节，全产业链的发展方式相对于单纯的农业生产将更具市场竞争力和价值创造力。

第五个层次：农业发展目标层面，亟须完成从过度强调农业增产转向农民增收和福利提高。我国必须因势利导地推进土地承包经营权流转和社会化配置，以在适度规模化经营的基础上提高农业资源配置效率。此外，还应依靠土地增值收益的有效配置提高农民财产性收入。

从狭义农业走向广义农业是一个涉及要素投入、产业转型、技术进步、体制变革的系统性工程，是我国农业农村经济发展的基本途径，未来广大农村地区仍需在体制改革深化的背景下持续走向广义农业，以此实现新时期农业农村经济发展的更大成就。

（高帆　复旦大学经济学院副教授）

符如梁：
未来中国食物需求有“增”有“减”

参照发达国家的发展趋势，2020年前中国对大米和面粉的需求将继续下降，而对肉、糖、蛋、奶、食用油类的消费将继续保持增长。对大米和面粉的需求减少，意味着整个市场份额缩小，大米和面粉加工行业将有可能进入整合阶段。而缓解玉米供求不平衡也将成为国家粮食宏观调控最关键的方面。

未来10年间，中国对大米和面粉的需求将持续下降，而对肉、糖、蛋、奶、食用油类的需求将快速增长。

在第14届中国粮食论坛上，符如梁基于对全球及中国食物结构变化趋势的分析，对中国未来10年间主要食用品种的需求趋势作出上述判断。

他在报告中指出，1961年以来，随着人均收入水平的提高，全球对谷物、薯类的需求呈下降趋势，而对蔬菜、水果、食用油、牛奶、肉类、水产品类食物其他品种的需求逐年上升。由于糖类的消费人口结构发生了变化，高消费地区如欧洲人口持续下降，低消费地区如非洲人口在上升，导致近30年来全球糖类人均消费量基本不变。

“根据全球历史趋势来看，我们推断2020年前全球谷物人均消费将继续下降，植物油、肉、蛋、奶、水产类人均消费继续增长，糖类仍维持不变。但未来全球食物需求下降的变化将比增长的变化更快。”符如梁说。

中国方面，联合国粮农组织的数据显示，2007年中国对热量、蛋白质、脂肪的人均摄入量已超过了世界平均水平，但是和发达国家相比，我国人均糖类、奶类、肉类和水果类摄入量偏低，对蔬菜、谷物消费量偏高。虽然这和我国消费结构有关，如摄取肉类较少，谷物消费更多，但是也表明中国食物结构尚处于发达国家20世纪70年代的水平，即使和相邻的日韩比，也处于较落后的发展阶段。

符如梁说，根据全球及中国的食物需求趋势，可以得出3个结论：

第一，2020年中国的人均GDP将达到15000美元，参照发达国家的发展趋势，在2020年前中国对大米和面粉的需求将继续下降，而对肉、糖、蛋、奶、食用油类的消费将继续保持增长。但他特别提醒，“2020年后，我国对肉、糖、奶、食用油等食品的消费都将接近拐点，可能会下降或者停滞不前。”

第二，未来10年对中国农产品加工业将非常关键，在这期间，对大米和面粉的需求减少，意味着整个市场份额缩小，大米和面粉加工行业将有可能进入整合阶段。同时，人均消费量下降，意味着人们对优质品种资源的需求会提高。

第三，随着中国对肉、糖、蛋、奶、食用油类的需求快速增长，加上食品工业及玉米深加工行业的迅猛发展，都将对玉米的需求很大。未来10年能否保证国内玉米供给充足，将成为今后食品工业最突出的问题，而缓解玉米供求不平衡也将成为国家粮食宏观调控最关键的方面。

（符如梁　中粮集团有限公司战略研究部总经理）

屈凌波：在传统主食中大力推广全谷物食品

随着国民收入的不断增长，各种和营养相关的疾病大量涌现，这与谷物消费大幅下降、食品加工过精过细、食物和营养结构失衡等存在直接的关系。而谷物食品成分天然，营养构成均衡，可双重满足消费者宏量营养与微量营养的需要。因而，推广全谷物食品，改善国民膳食结构已刻不容缓。

"在我国传统主食中推广全谷物食品非常必要紧迫。"在京举办的"全谷物"食品发展国际论坛上，屈凌波表示。

屈凌波指出，城市化进程的深入、生活节奏的加快带动了居民饮食结构的调整，以主食为代表的谷物食品所占比例呈下降趋势，而蛋、奶、肉等高蛋白和高脂肪食品所占比例持续上升，我国居民的饮食结构日益不合理。

同时，谷物加工企业为迎合消费者求精、求细的心理，加工精度不断提高，几乎全部去除了谷物籽粒的皮层和胚芽，仅保留胚乳部分，造成了位于麸皮和糊粉层中的营养素，特别是B族维生素和膳食纤维的大量流失，传统的膳食平衡被打破，营养过剩与营养缺乏共存,使我国居民营养摄入面临着前所未有的危机。

随着国民收入的不断增长,各种和营养相关的疾病大量涌现,这与谷类消费大幅下降、食品加工过精过细、食物和营养结构失衡等存在直接的关系。而谷物食品成分天然;营养构成均衡,可双重满足消费者宏量营养与微量营养的需要。因而,推广全谷物食品,改善国民膳食结构已刻不容缓。

"传统主食是推广全谷物食品最佳的切入点。与西方饮食习惯相比,我国的饮食习惯更易接受全谷物食品,而且也更容易保持有效摄入量。"他说。

屈凌波强调,全谷物主食的发展要以"安全、优质、营养、健康、方便"为基本原则,以满足主食供应、保障食品安全、提高营养水平、扩大有效需求为根本目的。当前,主食产业集中度低、企业规模小、经营分散的现象十分突出,因而只有在推进主食化进程、提升产业集约水平、加快自主技术创新、提高优质产品比重等举措的保障下,才能迎来全谷物主食的快速发展。

由于我国全谷物食品的发展尚处于起步阶段,屈凌波认为当前在中国推广全谷物食品还会面临一些挑战:

首先,国民健康意识有待提高,对全谷物食品的营养价值缺乏全面认识。

其次,标准和法规不健全。从20世纪开始,部分西方国家如美国、英国、瑞典、荷兰,都相继出台了一系列全谷物食品标准和法规。现阶段,我国全谷物食品的开发和生产都处于萌芽阶段,尚未形成完善的标准和法规,全谷物食品的营养价值研究也较少,同时全谷物食品的健康作用宣传、消费障碍评价与消费市场变化等方面的研究也需大力发展。

再次,加工技术落后。在发达国家,全麦粉及其制品、发芽糙米及其制品、全燕麦等全谷物食品发展迅速;国内也开始有同类产品出现,但受限于加工技术、饮食习惯和认知程度,发展不够理想。

(屈凌波　河南工业大学副校长)

宋洪远：

适应新时期五大变化 推进农业现代化

新时期农业有五大变化：一是农业地位和作用的变化，二是生产方式和经营主体的变化，三是市场结构与经营理念的变化，四是资源约束影响特征和程度的变化，五是整个需求的变化及消费结构的变化。推进农业现代化，从生产到理念及市场调控都要有相应的新变化。要兼顾两个目标：保障供给、增加收入。

宋洪远在2011年《农村经济绿皮书》新闻发布会上提出，"十二五"农业现代化发展要适应新时期农业五大变化。

一是农业地位和作用的变化。无论是产业比重、就业比重、出口比重，农业在国民经济中的地位出现了"小部门化"现象，但是农业呈现多功能化，由过去的实行保障、原料供给、就业增收，有了新的生态保护、观光休闲等功能。

二是生产方式和经营主体的变化。首先，是品种和技术，过去从猪崽到出栏要六七个月，现在由于品种和技术的变化，周期缩短了；其次，就是饲养方式变为专业化饲养、规模化饲养。饲养方式的变化带来向专业大户和规模化集中。水产也有类似情况。

三是市场结构与经营理念的变化。消费者去买农产品就是吃，那能买多少？但是，作为一个投资者，其目的不是消费，而是为了生产和加工。现在影响市场的因素不仅是产品自身的生产供求，还有国外的生产供求，还有资本市场对产品市场的影响。比如说粮食，现在不仅是我们自己种粮、收购、销售，还有国外来的很多企业参与。

四是资源约束影响特征和程度的变化。这跟气候变化有关系。举个例子，过去小麦主产区特别是河南的人们，冬天担心小麦旺长，会准备一些磙子来压它，但这几年冬旱和冻旱带来的变化很大。

五是整个需求的变化及消费结构的变化。同样是玉米，过去是人吃，后来是畜产养殖，再后来是玉米深加工。这样的需求变化是大不一样了，消费结构自身也变化了，一转化就不一样，一斤白酒要几斤粮食，吃一斤肉、喝袋奶也要几斤粮食。

宋洪远认为，"十二五"推进农业现代化，从生产到理念及市场调控都要有相应的新变化。方向在哪里？宋洪远说，要兼顾两个目标：保障供给、增加收入。保障供给是宏观的问题，增加收入是另一个问题，必须同步增长。

宋洪远举例，适当调控，要有变化。调控政策要发挥作用必须要有手段、有主体，过去是靠种粮、抛粮，市场结构变化以后，有时是你去卖粮食，我去买粮食，左手换右手，粮食不进入市场，调控政策要适应这个变化。

有关农业发展的技术路线，宋洪远概括为三个方面。一是机械技术研发。不能一个老工艺多少年不变，就像甘蔗收割那么大的强度，要研发实用机械。二是农艺技术。有了机械，如果还是传统的种植办法，照样不适应。三是生物技术。生物技术是新一轮的革命，它的重要作用是生产。

对于经营方式，宋洪远称，要发展规模经营，但是不能强制推广。

（宋洪远　农业部农业经济研究中心主任）

温铁军：
小农经济国家如何保粮食安全

帮助农民组织起来形成综合性的合作社，把和农民有关的金融、保险、购销、加工、房地产、旅游、超市、批发、餐饮等领域全都放开，无障碍地让农民的合作社进入，政府对农民的合作社全部免税，产生的收益返还给合作社的农民。

小农经济国家在工业化进程中要想保住粮食安全，保住农业作为战略产业的地位，就必须给农民至少达到甚至高于社会平均水平的收入，否则是保不住的。因此，在这一点上，我们建议中央加大政策的调整力度，希望给那些保证中国粮食安全的种粮农民超国民待遇，否则凭什么让那些农民一个汗珠摔八瓣地到地里给你种粮食，因为那比一般车间、厂房的工作条件要恶劣得多，这些人如果得不到起码的平均收入或者高于平均收入，那我们国家的粮食安全就免谈。

在2008年公布的全球饥饿指数中，中国排名第15位。如果我们的农业再这样下去，比如18亿亩耕地红线保不住，不能提高粮价，导致农民越来越没有种粮的积极性，粮食安全堪忧。2009年春天一次旱,夏天一次旱,谁在抗旱? 政府。谁不抗旱? 农民。如果你是农民,你去抗旱吗? 你出工、出力最后抢回几颗粮食,还不值钱,你干吗要去抗旱? 因此,着急的是政府,从县到乡,各级干部喊着要抗旱,但农民你调不动。因此,中国的粮食问题会越来越严重。

现在在上边的政策领域喊这个事,说粮食安全是谁的责任? 是农民的吗? 当然不是。如果出现了饥荒,谁负责? 中央政府。粮食安全的第一责任人是中央政府,如果中央政府在转移支付中,不把粮食大县的人均公共开支提升到全国平均水平之上,粮食大县的政府不会认真地替你去保粮食;如果不把种粮农民的收入提升到全国人均水平之上,那他们凭什么这么穷还要替你保粮食安全呢?

怎么做呢? 要借鉴日本、韩国,包括中国台湾的经验,我们叫做"日韩台模式",帮助农民组织起来形成综合性的合作社,把和农民有关的金融、保险、加工、房地产、旅游、超市、批发、餐饮等领域全都放开,无障碍地让农民的合作社进入,政府对农民的合作社全部免税,产生的收益返还给合作社的农民。

没有哪个小农经济国家可以自发形成合作社,任何合作社的发展都是当问题严重到一定程度时,把它作为国家战略必须解决的问题,给足了优惠,给足了保护,农民才会迟迟疑疑、半推半就地加入,如果你要粮食安全,那你就得这么干。

(温铁军　中国人民大学农业与农村发展学院院长)

李超民：
稳粮增收仍存隐忧

农业支持的政策目标有两个，即稳定农产品供给和稳定农民收入。在农业支持政策发挥重大作用的同时，稳粮、增收、统筹、强基工作还面临一些亟待重新审视和解决的问题。观其要者，如解决产粮大省和大县粮食增产越多越穷、统筹建立农村社会保障体制、提高补贴效率和农村金融发展等问题。

“三农”问题的核心是农民问题，而农民问题的实质是农民收入问题，根源于传统农业本身、生产资料、劳动主体、农业组织以及社会政策造成的农村社会整体的弱质性，表现为自然风险和市场风险，中外皆然。

解决“三农”问题的基本政策主要是农业支持。农业支持的政策目标有两个，即稳定农产品供给和稳定农民收入。

近年来，中央出台了一系列支农惠农政策，推动了“三农”问题的逐步解决。但是，在农业支持政策发挥重大作用的同时，稳粮、增收、统筹、强基工作还面临一些亟待重新审视和解决的问题。观其要者，如解决产粮大省和大县粮食增产越多越穷、统筹建立农村社会保障体制、提高补贴效率和农村金融发展等问题。

现行粮食补贴政策区域执行成本失衡。我国各地情况不同，中央拨付的资金比例在不同地区间差异较大。而粮食风险基金与地方财力直接相关，在粮食省长负责制下，风险基金只有一半用于直接补贴，其余仍承担着地方粮食安全责任。

由于种粮比较效益低，很多产粮大县的财政收入增长缓慢，往往成了财政穷县，如果削减资金，势必影响地方粮食安全。

十七届三中全会指出，要逐步取消地方粮食风险基金的地方配套，这对增强地方粮食安全的保障能力有重要意义。这次《政府工作报告》也强调，加强对产粮、养猪、养牛大县的财政扶持。

农业补贴效率有待继续提高。农业补贴政策涉及部门多，协调困难，降低了补贴效率。

统计显示，随着中央惠农资金大幅增加，涉农犯罪案件明显增多。村官违纪违法案件占基层查处案件的70%以上，既损害了农民利益，又不利于中央政策的贯彻落实。

另外，直接补贴政策的运行成本很高。一方面，有的省粮食风险基金按季均衡拨付和分两次发放直补款，既增加工作成本，又不方便农民；另一方面，有的省按实际播种面积补贴，在核实面积时需多次张榜，工作量很大。

从补贴结构来看，农资补贴比重较大，虽然支持了相关行业的就业和发展，但影响补贴效率。

农村金融机构难以满足农民的信贷需求。农民从农村信用社获得5000元以上的贷款困难较大。

通过建立农业保险和再保险体制，为农村信贷机构加大农贷资金投放进行风险分散，已成为当务之急。

（李超民　上海财经大学农业经济研究中心副教授）

李国祥：

增加农产品供给路径选择是个大问题

随着经济发展，工业竞争力增强，农业的弱势地位非常明显，农业必须依赖外部支持才能获得发展，否则就无法解决农业问题。解决城乡收入差距不断扩大这个问题，是走提高价格的路还是走增加补贴的路？如果价格一直上涨，究竟农民能不能得到好处呢？而且最终会出现一个问题：国家如何控制价格？

2010年农产品价格出现明显上涨。开始笔者作研究的时候，认为这是阶段性、周期性的，之后向前推论，发现2003年，特别是2004年以来，农产品价格短短几年之内已经历了几轮的明显上涨，所以用周期性波动难以解释，可能是轮番性上涨。

农产品价格会出现轮番性上涨，笔者认为还是供给有问题，生产环节上的问题更大。当然也可以用非供求角度炒作、货币因素等来解释它。笔者个人认为，如果农产品供给特别充裕的话，即使炒作也炒不起来，拿2008年上半年举例，国际粮食价格炒得那么厉害，而国内粮食价格依然稳定，这是因为2007年我国粮食增产，普遍出现卖粮难，所以粮食价格炒不起来。

供求关系持续偏紧,说明总体来说生产没有跟上需求的增长。

随着经济发展,工业竞争力增强,农业的弱势地位非常明显,农业必须依赖外部支持才能获得发展,否则就没有办法解决农业问题。

现在我们对农业的支持力度不够,很多地方都不想搞农业生产,而且意见很大。未来到底走怎样的路?农产品价格暴涨背后我们面临怎样的选择?解决城乡收入差距不断扩大这个问题,是走提高价格的路还是走增加补贴的路?日本选择了前者,日本的消费者能够接受,但是,中国消费者接不接受?

选择提高价格这条路也有一定的麻烦。过去笔者一直主张通过提高农产品价格来缩小城乡收入差距,但如果我们选择农产品价格一直不断上涨,就会带来一个很大的问题。笔者到市场中问小商户,都说价格要涨,不断地增加储备,农民也出现惜售,大家预期很强。如果价格一直上涨,商户、农民、消费者、整个社会哪个得到的好处多?我们本来想让农民得到好处,但究竟农民能不能得到好处呢?而且最终会出现一个问题:国家如何控制价格?

增加补贴,补贴从哪里来?那是纳税人的钱,可能富人对农民的收入贡献大一点。补贴政策目前来看好像是合理的,但在预算里就有问题了。北欧国家最多的时候一个农民能从政府那里得到一万多美元的补贴,中国社会大众能不能容忍通过补贴来解决农业生产者收入和生产积极性的问题呢?

目前,中国的农产品价格水平是偏高还是偏低?可能不同的利益群体有不同的回答。如果说现在价格高了,那么政府就要采取措施,把价格平抑下去;如果认为价格不高,那么现在这种轮番性上涨的价格就是合理的。如果无法明确回答这个问题,我们的政策应该朝哪个方向走只能是模糊的,只能够头痛医头、脚痛医脚。

(李国祥　中国社会科学院农村发展研究所研究员)

王　勇：

推出天气金融衍生品
规避极端天灾风险

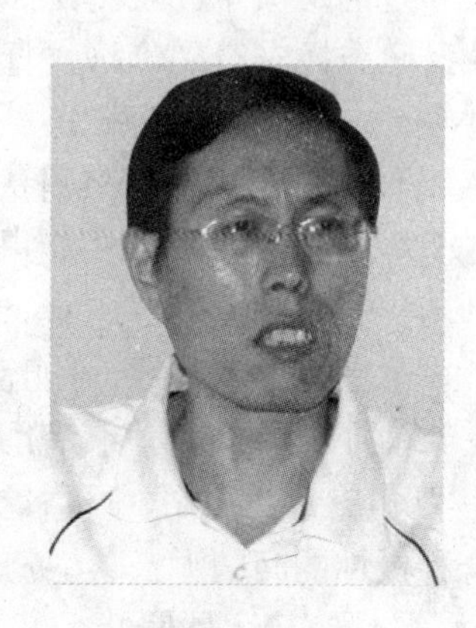

环视当今世界，通过建立天气金融衍生品市场以加强天气风险管理，已被证明是规避天气风险的有效办法。我国幅员辽阔，天气变化在不同地区的差异较大，天气风险带来的巨大经济损失有目共睹。如果我国能尽早开发天气金融衍生品，将会有效地降低相关企业以及农业所面临的天气风险。

2010年夏，我国接连遭遇极端灾害性天气。在我们为遇难同胞哀悼时，更应当反思我们在对待与大自然关系上的教训和责任。从经济发展与风险管理的视角，认真反思2010年以来我国大部分地区因极端恶劣天气引发的洪涝、干旱和泥石流等自然灾害频发现象。笔者认为，这种现象警示我们要将天气风险管理尽快提到议事日程上来。

天气风险是天气变化所造成的现金流和收益的变动，包括比正常温度高或低的天气因素以及除温度以外的非正常天气因素，如特大暴雨、暴雪以及狂风等对企业和个人财务业绩所造成影响的程度。

天气风险是企业和个人在生产经营中面临的重要风险之一。早在1998年，美国前商务部长威廉·戴利在美国国会作证时就说:“天气的好坏不仅是一个环境问题,也是一个主要的经济因素。美国经济中至少有1万亿美元的经济活动与天气密切相关。”据估计,目前美国经济约有40%直接受到天气的影响。

我国是一个人口大国和农业大国,天气风险及其造成的惨重损失,不能不引起政府的高度重视。

环视当今世界,通过建立天气金融衍生品市场以加强天气风险管理,已被证明是规避天气风险的有效办法。1999年,天气金融衍生品期货交易所开始交易,交易品种主要是天气指数期货和天气期货期权。由于天气风险管理对经济发展的影响非常显著,因此天气风险管理遂成为美国企业风险控制的重要组成部分。根据美国天气风险管理协会2008年所作的调查,按合同的票面价值计算,2000~2007年,天气金融衍生品的交易额已从29亿美元上升到近580亿美元,上升了近19倍。

由于我国幅员辽阔,天气变化在不同地区的差异较大,天气风险给许多行业和地区带来的巨大经济损失有目共睹。如果我国能尽早开发天气金融衍生品,将会有效地降低相关企业以及农业所面临的天气风险。根据我国的现实情况,笔者认为,先发展期货交易所交易形式似乎更为适宜,交易品种则以先推天气指数期货为宜。而由于保险公司在承保灾害性天气风险过程中,自身也面临着巨大的风险,因此我们也可以通过参与天气金融衍生品交易,通过资本市场化解和转移风险。

(王勇　中国人民银行郑州培训学院教授)

熊主武：
保障粮食安全需“有形之手”引导

在终极意义上，只有粮食才是决定生存的产品。理性的国家政府不会将国民生存的基本保障完全寄托于市场。发达国家普遍违背公平竞争的市场原则而对农业进行高额补贴，就是要筑牢国民生存的坚实基础，即无论这个世界发生什么意外，本国国民生存的基础是有保障的，其中的道理并不复杂。

环顾现实与世界，保障粮食安全需要市场机制，但不可完全寄希望于市场机制。

市场可以保证粮食安全，如果粮食短缺，公园等土地也可以用来种粮食，诸如此类，反对坚守18亿亩耕地红线，反对把粮食作为最重要的基础战略产品而主张让市场机制来保证粮食供应、把粮食作为一般商品的观点，多年来一直存在着，而且严重干扰和混淆着一些人对我国粮食问题的思维与判断。

理论上，可以仅用经济学原理分析我国粮食安全问题存在的局限性。我们常说战争攸关国家与民族的生死存亡，那么“兵马未动，粮草先行”这句话就集中概括了粮食的意义。此时，粮食就成为控制对手的政治权利。出价再高可以不卖给你，无力自卫的话数量再多也可能被人抢走，就是粮食市场交易在国家战略竞争中可能出现的极端行为。在终极意义上，只有粮食才是决定生存的产品。理性的国家政府，尤其是有影响的大国政府，是不会将国民生存的基本保障完全寄托于市场的。发达国家普遍违背公平竞争的市场原则而对农业进行高额补贴，就是要筑牢国民生存的坚实基础，即无论这个世界发生什么意外，本国国民生存的基础是有保障的，其中的道理并不复杂。

粮食商品的特殊性也决定了它不能完全由市场来调节：粮食是需求量大的绝对必需品；粮食的生产周期长，至少目前不可能用流水线的方式把大宗粮食商品生产出来；粮食生产是季节性生产，受气候条件与自然环境影响大，且人们常年消费，须有较大储备应对灾年。在产量充足的情况下，市场调节保障粮食供应是可行的，但还存在着运输成本高的问题；在市场粮食数量不足时，可能出现因无粮而死人的状况、低收入者买不起的情形。理论上说说容易，现实中可绝不容许出现此情此景。

技术进步可以持续提高粮食单产，新中国成立后特别是改革开放以来，我国在人口大幅度增加、耕地大幅度减少的总趋势下，粮食安全越来越有保障，似乎证明保持18亿亩耕地没有必要，市场保障粮食安全是有道理的。但现实国情是：我国粮食安全是低水平的，耕地退化；生产者是老人与妇女，他们得不到平均利润；人均占有量远不及发达国家；改善全体国民饮食结构的粮食生产条件与粮食产量都不足；影响粮食生产的自然灾害因素多样且频发。

综合考虑未来人口增加、消费水平提高、国际局势多变、极端天气大面积出现等因素，我们应该把中华民族的生存基础打得更牢靠一些。

（熊主武　湖北省孝感市委党校副教授）

谭 斌：

打破稻米精加工误区 倡导营养健康多样化

稻米加工过精不仅造成资源浪费，而且在逐步影响着老百姓的健康。"精"的真正意义在于把稻米产业做精,把产业链的各个环节做精。把产品做精的目标在于使产品的感官品质、食用品质与营养品质尽可能实现完美的统一,而不是纯粹地追求外观与口感。

"稻米精深加工不等于过度加工。过分追求口感、营养健康意识不强是当前粮食加工的误区。"2010年11月4日在湖南长沙举行的稻谷深加工及副产品综合利用研讨会上,谭斌博士在报告中指出。

据统计,2009年我国大米加工业的品种结构主要以特等米与标准一等米为主,产量分别为1606.5万吨与3565.4万吨,分别占总产量的28.1%和62.3%;糙米产量为76万吨,占总产量的1.3%。

从2002年全国营养与健康调查的结果来看,维生素B1和B2的摄取量分别是2DA(建议的每日定额补给)的76.9%和61.5%,缺乏程度严重。而且近20年来,全国居民维生素B1的摄取量逐年下跌，维生素B2的摄入量一直徘徊不前。这种变化或许与日益精细化的粮食加工和消费方式密切相关。

谭斌认为，目前稻米加工过精，不仅造成资源浪费，而且在逐步影响着老百姓的健康。“精”的真正意义在于把稻米产业做精，把产业链的各个环节做精。把产品做精的目标在于使产品的感官品质、食用品质与营养品质尽可能实现完美的统一，而不是纯粹地追求外观与口感。

我国农产品深加工用粮不到总产量的15%，而发达国家则达到70%以上；发达国家粮食加工转化增值比为1:7，而我国目前为1:1；欧美国家农产品的50%以上转化为工业品，而我国只有10%的农产品转化为工业品。谭斌分析认为，主要原因是我国缺少大型粮食加工企业，粮食加工副产品的综合利用上不了规模，成不了气候。

长期以来，低层次初级碾米工业的重复建设，导致目前碾米工业产能过剩问题依然突出。在激烈的市场竞争中，粮食加工企业不断地重组兼并，淘汰落后的产能，呈现规模化经营趋势。

副产品的深加工利用很大程度上取决于企业规模与市场需求。谭斌建议，随着规模的不断壮大，企业应该逐步拉长产业链条，向粮食加工的上下游延伸，如天然糙米、速煮糙米、方便糙米、萌芽糙米、发芽糙米、糙米粥、糙米茶、糙米婴幼儿食品、糙米休闲食品、糙米粉、糙米提取物以及营养强化大米、留胚米、免淘米、蒸谷米等系列产品，都可以是发展方向。

（谭斌　国家粮食局科学研究院博士）

刘与忠：

品牌不是标签
创品牌需多管齐下

品牌是市场经济的产物，是品质的保证，也是企业诚信对社会的承诺，而决不是标签，更不是“名骗”。创建品牌大米光凭口头承诺是不行的。它既要有产业链的资源品质保证，又要有确保产品安全并达到品质要求的环境和技术条件，还必须有规范有序、科学先进的系统管理章程。

在2010年中国稻米产业发展研讨会上，刘与忠强调：“品牌是市场经济的产物，是品质的保证，也是企业诚信对社会的承诺，而绝不是标签，更不是‘名骗’。”现在市场上品牌大米很多，乱象丛生，可谓假冒的多于正宗的，应市性的多于持久性的。

刘与忠指出：创建品牌大米光凭口头承诺是不行的，采取简单的措施也是不够的，它既要有产业链的资源品质保证，又要有确保产品安全并达到品质要求的环境和技术条件，还必须有规范有序、科学先进的系统管理章程。

其一，优化品种结构。近年来，稻米市场比较宽松，但就现在生产水平而言，水稻再增产的潜力不是很大，而需求却是刚性增长。另外，稻米易于陈化而耐储性差，年度调节能力有限，市场风险难以避免。因此，优化稻米品种必须坚持“高产、优质、多抗”的原则，要因地制宜，宜粳则粳，宜籼则籼，以确保在增产的基础上优化。

其二，推进大米品牌建设。大米不同于其他食品，它的品质多源于品种的自然属性，少有或没有功能、工艺性的附加。当前稻米加工应坚持“严格注重纯度，适当控制精度”的原则，要根据我国的国情、粮情，按照健康食品和节约资源的原则，并根据大米的不同用途，重新审定和制定不同的品质标准。大米生产经营企业要在建设名牌产品的过程中，延伸产业链，上规模，上等级，更好地为大众健康和国家粮食安全服务。

其三，实行有效的市场监管。对大米品牌要严格管制，凡品牌大米必须符合国家品质标准，严肃惩处假冒伪劣大米产品，并运用税收政策，鼓励生产健康大米和大众认可的大米品牌。

近年来，大米市场出现了新的变化，选购优质大米成为时尚，而且市场较普遍地以“好看、好吃”作为标准。为了迎合消费者，商家便在加工上大做文章，一碾再碾，多次抛光。

那么，何谓品质好的优质大米呢？是否可以将感官好、味道好的大米定义为优质大米、品牌大米？

刘与忠分析，对大米的过度加工，不仅造成大米数量上的损失，而且将其固有的天然营养素剥离，其脂肪、蛋白质、维生素、矿物质、膳食纤维等营养会大量流失。刘与忠指出，大米不应以精白度定标准，应以整米率、垩白率、胶稠度指标鉴别其品质，同时大米品牌应当因品质差异而有高、中、低档之别。

（刘与忠　中国粮食行业协会大米分会理事长）

姜长云：
粮食流通安全不亚于生产安全

粮食流通安全越来越成为影响我国粮食安全的主要瓶颈，至少是与粮食生产安全并重的。20世纪80年代以来，中国历次大的粮食供求失衡和价格上涨，都与粮食综合流通能力不强有很大关系，即使粮食生产能力能够保障粮食安全，粮食流通不畅仍然可能导致粮食安全问题“再起波澜”。

粮食流通安全越来越成为影响我国粮食安全的主要瓶颈，至少是与粮食生产安全并重的。

实现粮食安全的基础是确保供求平衡，它不仅要求实现粮食综合生产能力与消费需求能力的协调，还要求粮食综合流通能力与消费需求能力的协调。即使国内粮食生产和库存能够满足粮食需求，只要粮食流通体系出问题，导致主产区或仓储库点的粮食不能按时足额运到主销区，粮食供求平衡同样会出现大问题，甚至可能引发市场粮食价格的骤然上涨和政府乃至社会对粮食安全问题的恐慌。

回顾历史，我们不难发现，20世纪80年代以来，中国历次大的粮食供求失衡和价格上涨，往往都与粮食综合流通能力不强有很大关系，即使中国的粮食生产能力能够保障粮食安全，粮食流通不畅仍然可能导致粮食安全问题“再起波澜”。2009年7月，笔者到黑龙江调查时了解到，黑龙江粮食最大的问题是运不出去。

在中国，粮食安全问题特别是粮食生产安全问题还容易形成放大效应。第一，当粮食运输遭遇煤、油、原材料和产成品运输紧张的冲击，导致市场粮食价格迅速上涨时，粮食流通环节的问题很容易被误解为粮食生产环节的问题。第二，粮食价格与通胀孰因孰果，至今是一个悬而未决的理论问题和政策问题；每当粮食价格上涨与通胀“双碰头”时，政策研究部门乃至决策层很容易把通胀的发生归罪于粮食价格上涨；受“重生产、轻流通”思维惯性的影响，又很容易把通胀和粮食价格上涨的发生进一步归罪于粮食生产不足。

因此，我国政府对粮食安全问题很可能长期保持高度关注的状态。在此背景下，一旦粮食安全出现严重问题，特别是面临程度不同的粮食恐慌时，在政府的政策安排中，就很容易出现这样的倾向：为确保粮食安全甚至粮食增产，放松对增加其他农产品供给的关注；支持农业结构调整，甚至确保其他主要农产品基本供给和发展农产品加工业的政策。这往往导致农业结构调整的反复和农业结构多元化的退化，从而进一步导致通过农业结构调整，促进农民增收的空间被迫收缩，或农业结构调整受到抑制，出现摇摆不定的状况。

（姜长云　国家发改委产业经济与技术经济研究所第三产业研究室主任）

王东京：
农民耕地产权晚给不如早给

将耕地产权界定给农民，好处有三：首先，农民有了耕地产权，耕地可自由转租，也可入股取得财产性收入；其次，农民将耕地产权抵押给银行，可从银行贷款；再次，把耕地产权界定给农民，农民权益就有了保障。至少，政府日后再征用农民的土地，价格就不能单由政府定，而需与农民协商。

信不信由你，把耕地产权明确给农民是早晚的事。既如此，那么笔者认为晚给就不如早给。

2009年12月闭幕的中央经济工作会议确定，2010年经济工作的主要任务之一，就是夯实“三农”发展基础，扩大内需增长空间。

几年前，温总理曾到中央党校讲话，说他一直思考农民增收与中国经济增长的关系，他认为两者是一回事。理由是中国经济要稳定增长必须扩大内需，而扩大内需的重点是农民消费，否则内需不足而经济停滞，城镇职工也将大量失业。

要扩大农民消费，归根到底得增加农民收入。

收入决定消费。因此,眼下的当务之急是要研究政府怎样去增加农民收入。事实上,这些年国家出台的惠农政策不少,从补贴粮食流通到直补粮食生产,从农村税费改革到免征农业税,力度之大前所未见。但从客观来看,目前农民也就是脱贫,还远未致富,而且政府惠农政策已经出尽,下一步怎么办?除了中央强调的加大对农业投入、基本公共服务均等化以外,笔者认为:一是以城带乡,二是明确耕地产权。

以城带乡。笔者一贯的观点是,解决"三农"问题不能头痛医头,农民增收,应做足城镇化的文章。理由简单,目前农民人均耕地两亩,若分散经营种啥也富不了,除非种黄金。因此,别无选择,农民要大幅增收只能规模经营。问题是,规模经营会使农村劳动力剩出,若城镇化不发展,农业劳动力转不出,规模经营无从举步。可见,农民增收的关键是推进城镇化,以城带乡。

明确耕地产权。将耕地产权界定给农民,笔者认为,好处有三:

首先,农民有了耕地产权,耕地不仅可以自由转租,还可以入股取得财产性收入。

其次,农民将耕地产权抵押给银行,可从银行贷款。这些年大家都说农民贷款难,但究竟难在哪儿却没人深想。其实,农民之所以贷款难,难就难在无财产抵押。银行是企业,要规避风险,无财产抵押,贷款怎会不难呢?

再次,把耕地产权界定给农民,农民权益就有了保障。至少,政府日后再征用农民的土地,价格就不能单由政府定,而需与农民协商,否则农民就可依法与政府对簿公堂。

(王东京　中央党校经济学部主任)

邓庆彪：推动巨灾风险证券化

我国农业保险仍不能完全适应农业发展新形势的要求，建立农业风险分散机制极为重要。应创立农业再保险体系，对农业巨灾风险造成的损失进行有效的分摊和转移；推动巨灾风险证券化，将风险转移至发达的资本市场；发行巨灾债券、巨灾保险期货和巨灾保险期权等，扩大保险公司的资金来源。

2010年15省区遭受罕见旱情侵袭，严重干旱牵动国人的心，如何减轻农民因自然灾害造成的损失？邓庆彪的观点或许对发展农业保险有所帮助。

近年来，我国农业保险发展迅速，但仍不能完全适应农业发展新形势、新变化的要求。进一步发展农业保险，需要政府、社会、农业生产者等多方协作，形成合力。

政府应在发展农业保险中发挥主导作用，增强财政税收支持。可以通过修订和完善税收法规，落实对农业保险经营组织退税和减免部分所得税的优惠政策，调动保险公司开展农业保险服务的积极性；免除农业保险组织设立时的相关费用及年检费用，并提供适当的经营管理费用补贴，承担农业保险公司的部分经营亏损，保障农业保险经营者的利益;给予农民一定比例的保险费用补贴,以减轻农民负担,提高农民参保率。

我国农业保险为政策性保险,现行的《保险法》对农业保险并不适用。应加快农业保险立法进程,尽快制定和完善农业保险的法律法规,使农业保险有法可依、有章可循;应运用法律手段,限制农业保险市场经营中的不公平竞争行为。

有必要构建多元化风险防范系统。各地应根据农业经济发展状况确定适当的费率水平,实施差别化的农业保险费率制度,有效降低农业保险经营成本,扩大农业保险承保范围;开发创新农业保险险种,扩大保险产品覆盖面,满足农业多元化发展的需求。

建立农业风险分散机制亦极为重要。应创立农业再保险体系,对农业巨灾风险造成的损失进行有效的分摊和转移,提高保险经营者的积极性;建立巨灾基金,将未发生巨灾损失年份结余的保险费用收入和政府的相关财政补贴存入该基金,保证在灾后有充足的资金用于损失赔付,有效维护灾民利益;推动巨灾风险证券化,将风险转移至发达的资本市场;发行巨灾债券、巨灾互换、巨灾保险期货和巨灾保险期权等,扩大保险公司的资金来源。

由于农业保险具有政策性,为增强监管有效性,降低监管成本,保监会应与农业管理部门和地方政府联合,健全农业保险市场监管机制,对农业保险实施综合监管,保证农业保险资金运用的合理性。另外,农业保险种类的增多和保险经营组织形式的多元化,迫切需要成立专门的农业保险监管机构,以加强对农业保险市场的监管力度,保障农业保险健康发展。

(邓庆彪　湖南大学金融学院副教授)

郑大玮：
让农业减灾更加科学高效

对自然资源的高强度利用导致对其亏缺更加敏感。农业经营规模狭小使得农业技术进步缓慢和农业灾害保险推行困难重重，加上农业防灾减灾基本建设和基础设施投入不足，使得农业对于自然灾害的脆弱性更加突出。要实现科学高效的农业减灾，还需要作出长期艰苦的努力。

西南特大旱灾，北方地区农作物却遭受不同程度的冻害。在当前春耕备耕的关键时期，联系到近年来发生的一系列重大灾害，人们痛感加强农业减灾工作的必要性和迫切性。

20世纪90年代以来，中国农业自然灾害的发生出现了一些新特点。

首先，对自然资源的高强度利用导致对其亏缺更加敏感。对水资源的超量开采是许多地区干旱日益加重的主要成因。

其次，由于东北和华北地区已取代东南沿海地区成为粮食主产区和主要商品粮输出地，自80年代后期以来，几乎所有的粮食减产年都是严重干旱年。

再次，农业经营规模狭小使得农业技术进步缓慢和农业灾害保险推行困难重重，加上农业防灾减灾基本建设和基础设施投入不足，使得农业对于自然灾害的脆弱性更加突出。

要实现科学高效的农业减灾，还需要作出长期艰苦的努力。

第一，要建立健全农业减灾的各级管理机构。由于农业灾害的特殊性，其他业务部门的减灾业务并不能代替农业部门自身的减灾管理。农业部门应主要加强农业生产过程的减灾管理，包括产前预防、产中抗灾和产后补救。同时，要建立农业部门与其他部门的灾害信息共享与防灾减灾协调、联动机制，以加强农业灾害的监测和预警工作。

第二，充分挖掘和集成现有农业减灾实用技术并向广大农村推广普及，特别是要研制和推广一大批减灾专用设备和器具。2009年年初黄淮麦区冬旱期间，绝大多数麦田只是表土干旱，底墒仍充足，只要赶制大批镇压器(碌碡)和耱麦器具就可基本解决冬旱。

第三，品种抗逆性减退是灾害加重的原因之一，急需建立主要农作物品种抗逆性鉴定制度并编制品种适宜种植区划，制止盲目引种和跨区种植。

第四，在全国普遍建立按流域统筹分配水资源制度和编制节水农业发展规划，加快北方病险水利工程的检修，加大南方季节性干旱地区水利工程实施力度，使有限的水资源得以优化配置和高效利用。

第五，农业部门应建立种子、饲草、化肥、农药、柴油、水泵等抗灾物资储备制度，储备一些绝收后改种能成熟的救灾农作物种子；推进农业灾害保险试点，首先在主要商品粮基地全面普及农业灾害保险制度，确保粮食安全。

(郑大玮　中国农业大学教授)

张晓山：
现代农业需要规模种养大户支撑

在发展现代农业的过程中，应该鼓励和支持一部分专业种植、养殖大户兴起，给予他们良好的发展空间和环境，使他们能够在农业领域、在农村安心发展。一方面，以集约化、产业化的农业生产模式保障农产品的有效供给；另一方面，他们也能够在发展现代农业的过程中致富。

规模化发展特色种植业、养殖业，农业实现产业化经营在我国农村已悄然兴起。张晓山表示，我们在发展现代农业的过程中，应该鼓励和支持一部分专业种植、养殖大户兴起，给予他们良好的发展空间和环境，使他们能够在农业领域、在农村安心发展。一方面，以集约化、产业化的农业生产模式保障农产品的有效供给；另一方面，他们也能够在发展现代农业的过程中致富。

张晓山分析，中国农业的主要特征是地区发展不均衡，在东、中、西部，现代农业、传统农业，甚至原始农业同时存在，造成了我国在物质基础和技术基础方面已经达到比较高的水平，但劳动生产率、资源利用率还比较低的现状。张晓山认为，中国农业现阶段在很多方面有很大的发展空间。

发展现代农业是技术创新和制度创新的结合，需用科学技术和资金投入替代大量劳动力。近年来,我国农业发展取得了可喜的成绩,粮食产量连续7年实现增产,市场上肉、禽、蛋、奶等产品丰富和充足,农业科技进步,机械化水平提高。

在发展现代农业、走中国特色现代化农业道路的过程中,我们更要关注现代农业的主体是谁,主力军是谁,谁是农业先进生产力的代表。张晓山认为,专业种植大户、养殖大户应该是具有企业家精神的农业中坚力量,是我们从事现代农业的主力军,也是中国农业先进生产力的代表。

对于因为农业生产率提高导致富余劳动力增加的问题,张晓山认为,必须通过加快城镇化和工业化进程来提供更多的工作机会。

加速城镇化和工业化进程,有利于更好地给农业提供支撑,更好地加速农业发展,而农业走现代化道路、社会主义新农村建设又为加速城镇化和工业化进程提供坚实的物质基础和保障。因此,加速城镇化和工业化进程与发展现代农业和建设社会主义新农村,是构建城乡经济社会一体化新格局的两个有机组成部分,两者应该形成良性互动的格局。

张晓山表示,我国工业和农业的发展越来越需要统筹考虑,随着大城市吸纳富余劳动力能力的降低,尤其应该重视县域小城镇的建设,无论是吸引农民工返乡就业,还是方便农村富余劳动力就近就业,这些小城镇都有着独特的优势。

（张晓山　中国社会科学院学部委员、农村发展研究所所长）

孟卫东：
以技术进步引领现代农业发展

工业化和城镇化带动农业技术进步不是单纯依靠市场机制就能实现的。我国农业技术进步的制约因素本质上源于农业物质基础的薄弱，也就是农业自身发展无法提供改造传统农业的物质基础。这就需要在工业反哺农业、城市支持农村中更加重视对农业技术进步的反哺和支持。

从一定意义上说，农业现代化就是农业技术进步的过程。

美国农业发展经济学家约翰·梅勒把传统农业向现代农业的发展过程划分为三个阶段。第一个阶段是传统农业阶段。农业技术处于停滞状态。第二个阶段是传统农业向现代农业的过渡阶段。农业发展主要依靠以提高土地产出率为目标的生物化学技术创新。第三个阶段是农业现代化阶段。劳动节约型的大型农业机械和其他资本密集型技术被开发和运用到农业生产中。

当前，我国农业技术进步主要面临三个方面的制约。一是人力资源素质的制约。随着大量农村青壮年劳动力转移到非农产业中，这个问题更加突出。二是农业生产规模的制约。一般而言,大规模经营的农户偏好于机械技术进步,而小规模经营的农户则倾向于采用良种、化肥、小型机械等节省土地的技术。世界粮农组织的研究显示:种植经济作物的规模不低于170亩,种植粮食作物的规模不低于300亩,这样生产的农产品才具有国际竞争力。我国农业生产规模小而分散,组织化程度低,容纳技术要素的能力较弱,难以获得较高的技术效应和规模报酬。三是农业基础设施的制约。农业技术的推广使用离不开农业基础设施的物质载体作用。目前,我国许多农业基础设施年久失修,配套不全,管理落后,效率低下,严重影响了农业技术进步。农业技术相对落后,使得农业生产投入大部分仍然集中在土地和劳动上,化肥、农药等大量使用,超载放牧、乱砍滥伐屡禁不绝,制约着农产品质量安全水平的提高,并对生态环境造成破坏,削弱了农业可持续发展能力。

如何破解农业现代化对农业技术进步的巨大需求与农业自身技术进步基础薄弱的现实矛盾呢?基本出路在于,按照统筹城乡发展的思路,积极推动工业反哺农业、城市支持农村。

工业化和城镇化带动农业技术进步不是单纯依靠市场机制就能实现的。我国农业技术进步的制约因素本质上源于农业物质基础的薄弱,也就是农业自身发展无法提供改造传统农业的物质基础。这就需要在工业反哺农业、城市支持农村中更加重视对农业技术进步的反哺和支持:一方面,将农业技术领域作为农业扶持政策的重点,加大财政投入,建立健全相关体制机制;另一方面,加大对农村基础设施建设、教育培训、土地流转制度创新、基本公共服务等的支持力度,为实现技术内生的农业增长创造有利条件。

(孟卫东　重庆大学教授)

马龙龙：

以农村商品流通为突破口破解“三农”问题

以农村商品流通为突破口破解“三农”问题，既有必要性，也有可行性。创新农产品流通机制，让农民分享流通增值，应成为解决农民增收问题的着力点。通过延伸农业产业链、构建农产品供应链，形成高附加值的农产品流通体系。构建完善的商业网点和服务体系，实现服务社会化和生活便利化。

以农村商品流通为突破口破解“三农”问题，其实质是以市场机制和服务体系为核心的，建立健全农村商品流通和服务体系；目标是打通城乡市场、创新利益共享机制、促进农民增收、推进农业产业化。

以农村商品流通为突破口破解“三农”问题，既有必要性，也有可行性。

首先，在当前农产品市场由卖方市场转向买方市场、消费结构决定生产结构的情况下，市场控制权已由生产领域转向流通领域，流通在引导消费、实现和提高产品价值方面的作用日益增强。创新农产品流通机制，让农民分享流通增值，应成为解决农民增收问题的着力点。

其次，农业产业化的发展，必然要求重视农产品及其加工品的流通问题。只有建立健全农产品市场体系，形成上可平等对接龙头生产加工企业、下可有序对接分散农户的农产品流通渠道，才能支撑农业生产基地化、农产品加工园区化、深加工农产品销售品牌化，从而提升农业产业化水平。

再次，推进城镇化需要不断改善农村商品流通。要在农村实现服务社会化和生活便利化，就要构建完善的商业网点和消费服务体系，包括使农产品销售渠道畅通等。

在新的形势下，应围绕“一体两翼三突破”，解放和发展农村商品流通生产力。

“一体”，是指明确农村市场的主体是农民的自发联合体。应通过培育和发展农民专业合作社，探索形成农民与其他涉农主体之间的利益联结机制，使农民与其他主体由被动从属关系转变为竞争合作关系，形成利益共享的分配机制，使农民成为真正的市场主体。

“两翼”，是指工业品下乡与农产品购销两个市场的协同与统一。应培育集约化的流通主体，推动形成农村综合市场，建立农产品与工业品的双向流通体系，实现两个市场的统一，提升农产品商品化率和工业品品质。

“三突破”，是指突破“就农言农”的思维方式，突破“零附加值”的流通方式，突破“散、乱、盲”的流通组织方式。“三突破”的核心在于打破传统小农经济自给自足的思维方式，解决好农与非农的关系，通过延伸农业产业链、构建农产品供应链，形成高附加值的农产品流通体系，发展现代农业。同时，通过组织化、集约化的农村流通设施、零售网点和服务体系建设，推进农村城镇化。

（马龙龙　中国人民大学教授）

刘笑然：

科学制定储备系数 提升粮食安全水平

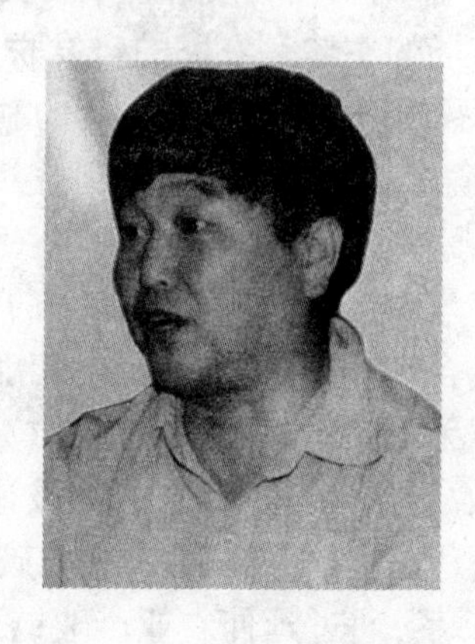

科学制定我国粮食安全标准非常重要。近年来，我国出现了一种尽量提高粮食安全系数和增加储备粮食数量的倾向。过高的粮食库存水平，不仅降低粮食品质，还制约市场机制对粮食供求的调节作用，而且国家粮食储备无论如何庞大，都不可能解决长期性粮食安全问题。

粮食安全与能源安全、金融安全并称为当今世界经济三大安全。科学制定粮食安全标准非常重要，粮食安全标准过高，不仅浪费财力、物力，还容易压低市场粮食价格；粮食安全标准过低，在遇到大的自然灾害和突发事件时又不能确保粮食安全。

一方面，我国人口多，粮食消费量大，利用国际市场调剂国内粮食供给的程度有限；农业生产仍受自然条件的影响，粮食产量丰歉波动较大；随着粮食市场化和国家对粮食市场调控的加强，农民和企业的存粮出现减少趋势。这些因素都导致了我国粮食安全系数需要比其他国家高一些。

另一方面，我国地域广阔，粮食一年多熟，大部分农民有自用自储的习惯，较少农民依靠国家调控。这些因素又可使我国适当降低粮食安全系数。

综合考虑上述因素和我国多年粮食供求平衡的历史数据，我们认为我国的粮食安全系数应以20%为宜，即粮食期初库存至少相当于当年粮食消费量的20%，接近两个半月的库存，13%~14%为周转库存，6%~7%为缓冲库存，低于20%为粮食不安全，低于16%为粮食紧急状态。

根据以上标准，现阶段我国年粮食消费量在5亿吨左右，每年期初粮食结转库存量应在1亿吨左右，粮食专项储备应在3000万~3500万吨左右。

需要指出的是，世界粮食概念只指谷物，我国还包含大豆和薯类。

近30年来，除2000~2003年，由于种植结构调整而造成减产外，我国粮食减产持续时间都不超过一年，数量不超过1200万吨。而6%~7%的专项储备完全可以应付国内粮食产量的波动，并且随着生产、流通和信息等条件的改善，粮食波动的幅度正在逐年减小，储备数量还有再减少的余地，18%的库存消费比也可以完全保证现阶段我国粮食安全。

但近年来，出现了一种尽量提高粮食安全系数和增加储备粮食数量的倾向。一些部门和研究者提出了我国粮食安全系数应在23%~25%，而我国的实际粮食结转库存大都超过35%，专项储备数量远超过10%，并还有增加的迹象。

过高的粮食库存水平，不仅降低粮食品质，还制约市场机制对粮食供求的调节作用，而且国家粮食储备无论如何庞大，都不可能解决长期性粮食安全问题。

单纯藏粮于库不如藏粮于库与藏粮于地相结合，只要保持适度的粮食储备和粮食生产能力，一般的粮食供给波动只需通过储备粮的吞吐来调节；在出现大的粮食不安全情况下，可通过恢复后备耕地生产粮食来解决，其效率要高得多，费用也少得多。

（刘笑然　原吉林省粮食经济研究所所长）

肖世和：

加快发展优质小麦 补齐弱筋小麦短板

随着优质小麦供需总量的基本平衡，优质小麦供需结构不尽合理的问题凸现出来。在国内，目前已经育成和推广的优质小麦品种中，强筋小麦品种占多数，而弱筋小麦品种寥寥无几。这一品种结构带来的直接后果是，我国对优质弱筋小麦的国外依赖度居高不下，有时甚至全部需要进口。

我国是世界上最大的小麦生产国与消费国，2008年小麦的总产量为1.13亿吨，总消费量为1.04亿吨，总消费量占全球的16.1%。从20世纪80年代到90年代初，中国是世界上主要小麦进口国，每年平均进口小麦1100万吨。90年代中后期，我国依靠农业科技创新提高了粮食单产，小麦生产量超过消费量，进口量逐年减少。

1997年以来，我国全力推广优质小麦品种，种植面积连续大幅度增长。十多年来，在小麦种植总面积从45000万亩下降到33000万亩的情况下，我们不仅依靠提高单产满足了国内总消费量的需求，而且将优质小麦品种的种植面积从1998~1999年的2700万亩提升到2008~2009年的近22500万亩，占小麦种植总面积的67.9%。目前，我国已基本形成五大高品质小麦集中种植区域，优质小麦供需总量基本平衡。

但要看到，随着优质小麦供需总量的基本平衡，优质小麦供需结构不尽合理的问题凸现了出来。依据面筋强度，优质专用小麦一般分为三种：适合制作饼干和糕点的弱筋小麦、适合制作面条和馒头的中筋小麦以及适合制作面包的强筋小麦。在国内，目前已经育成和推广的优质小麦品种中，强筋小麦品种占多数，而弱筋小麦品种寥寥无几。这一品种结构带来的直接后果是，我国对优质弱筋小麦的国外依赖度居高不下，有时甚至全部需要进口。

因此，要不断提高我国优质小麦的质量与效益，必须从源头抓起，把好生产关，加强优质小麦的品种改良和栽培管理，努力在育种、栽培、收储、粗加工、精加工各个技术环节实行标准化生产，以满足人们多样化的食物需求。

首先，要切实加强农田基本建设。

其次，要加快高产、高效、简化栽培技术研究。全面普及测土配方施肥，分区分类推荐施肥标准，不断提高小麦播种质量。特别是在小麦主产区，要提倡“七分种、三分管”，形成规范化整地、播种技术模式，研制优良播种机械，全面培训农机手，做到高质量耕种。

再次，要认真培育和选择主导品种。当前，发展优质小麦面临的突出问题是良种不良。种子品种混杂，纯净度低，大小不匀，大田种植后弱株较多，杂株丛生，不利于优质高产。因此，要加大优质小麦新品种的培育力度，严把种子质量关，切实做到统一供种。

最后，要围绕适宜的小麦主导品种有重点地开展技术推广工作，特别是要抓好基层农机手和科技示范户的技术培训与指导。这样才能为发展优质小麦提供有力的科技与人才支撑。

（肖世和　国家小麦产业技术体系首席科学家）

曹万新：

建立更高评价体系
适应食用油消费需求

应该在国家标准的基础上建立一套油脂产品优秀程度或者健康特点的评价体系，这个体系应该包括对油脂产品安全程度和营养丰富程度、对健康影响、对食用感官影响的评价方法等。不管营养成分是否丰富，最终应该反映在对健康营养的评价上。因此，健康影响评价是油脂产品最核心的评价。

“经常会有人问，你是专家，你能不能告诉我应该买哪种油？实际上，这样的话很难有标准答案，人家问话的意思既包括油脂的安全，又包括油脂的营养，还包括油脂对每个个体健康是否有利，这是公众给油脂行业的一个课题。”2010年10月11日至12日，在辽宁本溪举办的第二届中国油脂与健康高级论坛上，曹万新告诉粮油市场报记者。

目前的食用油评价体系以国家标准为主，实际上是个“门槛”。从道理上说，摆在超市的油脂肯定是符合标准的。但是，光有“门槛”是不够的，仍然有个选择问题。老百姓一进超市就糊涂了，不知道是看品牌、包装，还是看品种。

曹万新提出，解决这个问题的途径，是应该在国家标准的基础上建立一套油脂产品优秀程度或者健康特点的评价体系，这个体系应该包括对油脂产品安全程度和营养素丰富程度、对健康影响、对食用油感官的评价等。

一是对油脂产品安全程度的评价。目前，油厂卫生指标不一定每批都检测，但我们可以按市场的方式搞一个认证，如安全等级5A。这样，在包装上把油脂产品安全程度的结果明显标出来，能给消费者更明确的回答。

二是对营养素丰富程度的评价，如在标签上显示6%等的含量。

三是对健康影响的评价。植物油的品种、精炼等级与血脂密切相关，不同的油脂有不同的影响。如果评价体系清楚哪种油对降低胆固醇好，让消费者选择，那该多好。另外，油脂很容易被氧化，有些油脂的天然抗氧化剂含量比较丰富，抗氧化剂与人体衰老有高度关联性。如果通过动物或人体试验，做出一种评价体系来推荐，消费者肯定求之不得。当然，这种评价体系做起来比较难，但一旦研究清楚，对公众是件大好事。

对健康影响的评价是对油脂产品食用之后综合结果的评价，不管营养成分是否丰富，最终应该反映在对健康影响的评价上。因此，健康影响评价是油脂产品最核心的评价。

第四是对食用油感官的评价。对烹调评价的方法也应有国家标准，如对烹调的温度、时间作统一规定等。国外对油脂的评价建立了一些新的方法，如烹调炒菜实验、电子鼻、电子嘴等。

曹万新最后说，对食用油评价体系的探讨或者改进，是推动油脂工业进步的重要方面，应该深入研究并建立食用油新评价体系，以适应消费者的需求，同时推动整个行业的进步。

（曹万新　国家粮食储备局西安油脂科学研究设计院副院长）

吴炳方：

发展特色信息技术 完善粮食宏观调控

信息技术对我国粮食宏观调控有着重要作用。信息技术不能生产粮食，但所产生的效益远超过粮食本身的价值。信息技术可以规避粮食行业的风险，有效提高粮食宏观调控能力和粮食行业管理水平，减少或避免粮食价格大起大落对经济社会的冲击。因此，应建设有中国特色的粮食宏观调控信息技术应用体系。

信息技术对我国粮食宏观调控有着重要作用。吴炳方认为，信息技术不能生产粮食，但它所产生的效益远超过粮食本身的价值。信息技术可以规避粮食行业的风险，有效提高粮食宏观调控能力和粮食行业管理水平，减少或避免粮食价格大起大落对经济社会的冲击。

美国之所以能在世界粮食市场上呼风唤雨，其原因就是掌握着世界粮食的话语权，这里的话语权不仅是对粮食信息的掌握，而且还包括对粮食信息的灵活应用。比如，2003~2004年发生的“大豆风波”，给我国大豆加工企业造成了15亿美元的损失，其根源是美国农业部预示大豆供应紧张的报告。然而中国农情遥感速报系统的同期预测结果是:2003年中国大豆增产3.57%,美国大豆减产1.32%。遗憾的是,这些信息由于各种原因未能及时传递给我国大豆加工企业,没有为我国粮食企业提供信息支持。

我国粮食宏观调控的信息分散、动态变化、多元性和非结构化等特征,加大了信息技术在粮食行业应用的难度,导致信息技术应用水平落后于其他行业。

虽然,信息技术在我国粮食生产、粮食价格预测预警、粮食安全预警、粮库管理,以及粮食物流中得到了一定的应用,国家有关部门和单位也建立了相应的信息采集系统。但从总体上来看,我国粮食宏观调控的信息技术非常初级,主要是简单的报表和汇总,多数没有得到很好的应用,深度关联分析不够,只关注到粮食的数量安全,对于产业链的安全和应急管理却很少涉及。

我国信息技术的应用还存在因用于支持粮食宏观调控的基础信息极不完整造成的采集难,因粮食信息的非结构化特征造成的粮食信息管理难,因涉及部门多、粮食信息共享较少、关联分析难及影响因素多难以建成稳定可靠的预测模型等造成的分析可靠性偏低等瓶颈。信息技术应用能得到各个环节的支持,是信息技术在粮食宏观调控中应用的关键。

因此,我国应大力发展信息技术,建立从粮食生产到粮食流通再到粮食产成品销售的跨部门、跨环节的综合性粮食信息监测网络,实现粮食生产信息监测、粮食流通信息监测和粮食产成品社会需求信息监测的信息网络集成监测体系,建设有中国特色的粮食宏观调控信息技术应用体系,完善宏观调控,确保粮食安全。

(吴炳方　中国科学院遥感应用研究所研究员)

陈永昌：
规避外来风险　确保粮食安全

危及我国粮食安全的真正隐患有三点：一是外商参控我国的粮食生产和销售；二是外资趁机并购我国的粮食加工企业，相当一部分粮食加工企业有被外资参股和控制的危险，一旦外资垄断控制我国粮食的进口和出口，我国最终可能失去话语权和自主权；三是国外转基因食品大量入侵我国。

我国是拥有13亿人口的大国。国以民为本，民以食为天，粮食安全事关重大。现在危及我国粮食安全的真正隐患有以下三点，需要引起关注、警惕和重视，抓紧采取相应措施加以解决。

一是外商参控我国的粮食生产和销售。目前，从大豆和玉米市场可以明显看出我国粮食有受制于人的危险。世界四大粮商都在窥视中国的粮食市场，他们经常搅动芝加哥粮食期货市场来遥控中国的粮食价格。

二是外资趁机并购我国的粮食加工企业。从大豆危机开始，外资趁火打劫，并购我国的粮食加工企业。相当一部分粮食加工企业有被外资参控的危险。从粮食销售到粮食加工，外资在不断渗透和掌控，将来一旦外资垄断控制我国粮食的进口和出口，我国粮食将完全依附于外国的资本运营，最终可能失去话语权和自主权。

三是国外转基因食品大量入侵我国。转基因食品产量高、成本低，用低价位杀进中国市场，严重威胁了我国的食品安全。在种植环节，有可能造成我国粮食作物的基因污染。在加工和食用环节，转基因食品对人体是否有害，这个问题尚在争论之中。现在发达国家富人惜命，宁可信其有，花高价买非转基因食品；发展中国家穷人惜钱，花低价买转基因食品。

应对外来因素的侵扰，保护粮食安全应采取以下三个对策：

一是打造宣传我国非转基因食品的品牌优势。我国粮食食品大部分是非转基因食品，可以在国际上高价售出。但是，目前我国还没有做出非转基因食品的品牌优势。实践证明，市场是海，企业是船，核心技术是桅杆，品牌是风帆，高端的市场经济卖的是品牌和服务。我们要认识到非转基因食品的优势，把非转基因食品的品牌宣传好、打造好。

二是调控粮食的进出口品种和数量。现在我国粮食进出口处在一个无序竞争的状态。国外的转基因粮食价格低，各进口企业受利益驱动大量进口。我国还没有明确规定限制稀有珍贵粮食品种出口，导致了出口的好粮食卖不上好价钱，而进口的粮食却存在安全问题。因此，我国要站在粮食安全的角度去调控粮食进出口，把进出口粮食的品种和数量真正掌控起来，加大监管力度，控制稀有珍贵粮食品种出口，增加关税，抑制转基因粮食的进口。

三是为民众把好食品质量关。为13亿人把住病从口入关，是政府的首要责任。现在我国的食品质量问题比较严重，如何控制转基因食品的进口，需要政府加大科普宣传力度，让老百姓更多地了解转基因食品。

（陈永昌　黑龙江社会科学院特约研究员）

徐以升：
重估全球粮食形势 绷紧粮食安全弦

影响国际粮食供给可获得性的因素有两个：一是粮食出口国自身产量下降或需求上升，会减少出口配额或者禁止出口；二是因某种外交关系，粮食禁运等会成为国家之间博弈的手段。更好地评估全球粮食供给产能，更好地评估可能会有的格局性变化，是摆在粮食问题面前的清晰逻辑。

俄罗斯2010年8月宣称，因为某些原因，小麦需要禁止出口。这不禁让人想起2008年的全球粮食危机。当时阿根廷、哈萨克斯坦等粮食出口大国发布了出口禁令，越南、泰国、乌克兰等粮食出口国则大幅下调出口规模或大幅提高出口关税。

俄罗斯宣称小麦出口禁令后，全球粮食价格以小麦、玉米、棉花价格等上涨为代表，稻米、大豆价格等并未表现出强劲的上涨态势。但观察粮食供给的潜在危机，应该放大到以下维度中。

第一，提供粮食供给可获得性评估。目前，影响国际粮食供给可获得性的因素有两个：一是粮食出口国自身产量下降或需求上升，会减少出口配额或者禁止出口；二是因某种外交关系，粮食禁运等会成为国家之间博弈的手段。

第二，粮食出口市场集中度愈发提高。目前，全球小麦出口市场集中度还不高，但玉米、大豆等产品的出口集中度却非常高，垄断方拥有定价优势。

第三，警惕“粮食欧佩克”对需求方产生的影响。由于人口和国土规模等原因，全球粮食供方的格局也非常清晰。

以目前全球粮食产业尤其是几大粮食巨头的发展来看，国家欧佩克和公司欧佩克结合的模式正在形成。国际粮食政策研究所所长布劳恩就曾提到，要筹建一个全球粮食组织，囊括主要的粮食生产大国、粮食出口大国，并有一个秘书处充当“全球粮食中央银行”。

第四，当心发达国家财政危机推高全球粮食价格。在美国、英国、日本等几乎所有发达经济体都进入主权债务高压区间之下，巨额农业补贴有可能会被减少甚至大幅减少。这样做的直接结果就是，粮食价格上涨以及供给减少。

我们必须要评估，如果美国大幅减少农业补贴，粮食价格会涨到哪里去？

第五，粮食正越发成为投机资本追逐的对象。

以上五个维度，是从全球粮食供给格局中探索粮食未来的体系性变化。

对中国来说，从表面来看，中国粮食对外依存度不到10%，但实际上综合来看，对外依存度接近30%。根据西南财经大学能源经济研究所教授刘建生测算，中国大豆与植物油的进口数量相当于约5000万吨大豆，中国大豆目前的产量约为100公斤/亩，不到粮食亩产量的1/3，进口5000万吨大豆相当于进口1.5亿吨粮食。

更好地评估中国粮食缺口，更好地评估全球粮食供给产能，更好地评估可能会有的格局性变化，是摆在粮食问题面前的清晰逻辑。

（徐以升　财经评论员）

窦含章：

农业布局失衡遗患亟待有形之手纠偏

农产品生产高度集中会带来三个方面的负面影响：首先，抗风险能力脆弱，如果在某一作物主产区出现严重自然灾害，立即就会危及全国供应；其次，会给金融资本投机炒作带来便利；再次，运输压力较大。比如，每年的新疆棉花外运和黑吉两省的粮食外运，都会遭遇铁路运输瓶颈，从而影响供应。

近一段时间，农产品价格轮番暴涨使社会舆论再次聚焦我国农业。笔者认为，农产品价格剧烈波动的根本原因是我国农业布局日趋失衡。

当前，我国农业布局存在两个突出问题：一是城市农业逐渐消亡，二是农产品生产高度集中。而导致农业布局失衡的两个主要原因是大城市化和市场充分竞争。

在城镇化进程飞速发展的过程中，我国遇到的突出问题是，大城市的畸形高速扩张导致城市周边耕地被大量占用，城市农产品自给率不断降低，城市农业逐渐消亡。

城市农业逐渐消亡会造成五大恶果：一是农产品生产运输成本高涨，二是交通运输压力大增，三是能源消耗巨大，四是破坏城市生态平衡，五是存在重大供应隐患。

我国的小麦、玉米、棉花、糖、绿豆、大蒜等农产品已形成很高的生产集中度。例如：黑吉两省商品粮产量占全国的65%以上，广西蔗糖产量占全国的60%，新疆棉花产量占全国的40%，吉林洮南绿豆产量占全国的40%。

农产品生产高度集中也会带来三个方面的负面影响。首先，是将所有鸡蛋放到一个篮子里，抗风险能力脆弱。如果在某一作物主产区出现严重自然灾害，立即就会危及全国供应，这一点在2010年的农产品价格大涨中已经体现得很明显。其次，便于金融资本投机炒作。炒家只要在作物主产区进行收购囤积，就可能影响全国价格。再次，运输压力较大。比如，每年的新疆棉花外运和黑吉两省的粮食外运，都会遭遇铁路运输瓶颈，从而影响供应。

唯有政府强力手段干预，才有可能延缓农业布局失衡的进一步恶化。

笔者认为，当前有四个方面可以成为扭转农业布局失衡的着力点。一是要坚持搞城镇化，不能搞大城市化，特别是对发展特大城市群，要慎之又慎。二是大幅提高对农民的直补力度，鼓励农民种地的积极性。一方面，应提高粮食收购价，刺激农业增产；另一方面，应对农民进行现金直补，切实提高农民社会福利水平。三是要有意识、有规划地防止农产品生产过度集中，对一些种植面积严重下滑的传统优势作物产区给予适当补贴。四是大幅提高天气和农产品产量预报预测水平，前瞻性地制定农业政策，充分利用国际农产品市场进行预防性储备，防止临时抱佛脚、病急乱投医。

（窦含章　财经评论员）

施 红:

实施增量补贴 转变农业发展方式

农业比较效益低下是一种共识，关键是怎么解决它。增量补贴,就是对流入土地的主体进行补贴。第一,把这种补贴切实补给了种粮的农民，而非农业承包地的所有者;第二,通过这种补贴使得农户的经营规模扩大,提高农产品的国际竞争力;第三,可以改变边际效益递减的情况。

改革开放以来,广大农民从农村涌向城市,农村出现了老龄化状况,与此相伴的是农业的兼业化、村庄的空心化。这要求我们切实转变农业发展方式。

转变农业发展方式,有哪些是制约因素?笔者认为,瓶颈是农业比较效益低下,通俗讲就是种地不赚钱。我们在河南省调研时发现,农民种植一亩小麦收入为150多元,按照户均5亩来算,每户种植小麦收入不足1000元。而农民工出来打工一个月就可以赚到1000元左右。因此,从比较效益的趋势,农村的青壮年劳动力大多会选择出来务工。另外,从西南大旱我们也可以看到,农业不仅面临着市场风险,还面临着自然风险,农民靠天吃饭的局面仍然没有改变。

农业比较效益低下是一种共识，关键是怎么解决它。

中央提出统筹城乡，对农业农村进行大规模的扶持，有大量强农惠农政策出台。从地方来说，有的地方提出来要农业的产业化、工业化、城镇化并举来解决农村的问题。对此，笔者想以利益作为一个导向，从提高农业比较效益的角度，比如说从土地的规模、农产品的价格、农产品的成本出发，提出看法。

笔者的第一个观点叫增量补贴法，用于扩大农户的经营规模。

近年来，中国出台了一系列政策，如粮食直补、良种补贴、农机具补贴等收入补贴政策，还有家电下乡、汽车下乡等消费补贴政策。笔者认为应从收入补贴、消费补贴转向增量补贴，因为大多农户的经营规模是7亩地，这在国际上是没有竞争力的。

增量补贴，就是对流入土地的主体进行补贴。这种做法有几大好处：第一，把这种补贴切实补给了种粮的农民，而非农业承包地的所有者；第二，通过这种补贴使得农户的经营规模扩大，提高农产品的国际竞争力；第三，可以改变边际效益递减的情况。

笔者的第二个观点是适度发展生物质产业。农产品价格已经市场化，从市场角度提高农产品价格很重要。虽然国外生物质产业在蓬勃发展，但是考虑到13亿人口的吃饭问题，中国对生物质能源的发展采取了限制措施。中国可以适度发展生物质产业，以提高对农产品的需求，通过需求拉动价格上涨。我们有1万亿斤的粮食，如果1斤涨1毛钱就是1000亿，相当可观。

（施红　中央党校经济学部教授）

傅廷栋：
我国油菜育种也应实现“两型化”

目前，我国油菜生产面临劳动力不足、生产成本高、经济效益低、食用植物油供不应求、消费者对于品质的要求越来越高以及农业生态环境日益恶化等问题。我国油菜育种方向应与国家提出的经济结构转变方向一致，即向“环境友好型、资源节约型”发展。选育“高效”、“低耗”、“绿色”、“可持续发展”的油菜品种，有重要的现实意义。

在2012年3月23日召开的中国油菜产业发展高层论坛上，傅廷栋表示，我国油菜育种方向应与国家提出的经济结构转变方向一致，即向“环境友好型、资源节约型”发展。

目前，我国油菜生产面临劳动力不足、生产成本高、经济效益低、食用植物油供不应求、消费者对于品质的要求越来越高以及农业生态环境日益恶化等问题。“选育‘高效’、‘低耗’、‘绿色’、‘可持续发展’的油菜品种，有重要的现实意义。”傅廷栋说。

傅廷栋认为，选育高效、低耗的“节约型”品种，就是要选育在品质、产量、抗逆性

（抗干旱、病虫、草害、盐碱、渍害、倒伏等）、生产效率（肥料利用率高、适合机械化）和生态安全（少用农药）等方面得到改善和提高的品种，选育省工、省肥、省水、省农药的品种。例如，筛选硼、磷、氮高效利用的资源，选育肥料高效利用的品种。

据了解，加拿大已经育成产量相当、施氮量却减少50%的品种。同时，加拿大还计划大力发展具有抗旱、抗黑胫病、耐瘠、抗裂角的芥菜型油菜。前几年，加拿大正式审定了Canola的芥菜型品种，其产量、品质已经基本达到了甘蓝型油菜的水平。

傅廷栋建议，我国应在当前“双低+杂优”的基础上，突出抓好提高含油量育种，加强抗菌核病等抗逆能力育种，选育适合机械化、轻简化栽培的品种。

国外学者曾经预测，油菜含油量将来可能达到65%~70%。近几年，由于引进快速、无损伤、绿色的近红外分析技术，我国的油菜含油量提高很快，一些研究单位已经筛选到一批含油量超过50%的材料。

傅廷栋表示，已经育成的这批含油量达50%左右（干基）的品种，将来含油量突破60%是有可能的。

“我国急需选育适合机械化、轻简化栽培的品种。”傅廷栋说。

傅廷栋介绍，适合机械化、轻简化栽培的品种就要求具有抗倒、抗病、抗裂、抗除草剂，且花期集中、株型紧凑适于密植、耐迟播和早熟的特性。

要实现油菜生产机械化，当前要重点解决播种和收获的问题。傅廷栋指出，一是要求半矮秆（欧洲一般株高1.8米，提出选育1.2~1.3米的半矮秆品种）、抗倒伏，因为机械收获半矮秆品种，机械行走速度可提高25%；二是植株紧凑，适于直播密植，花期集中，成熟比较一致；三是不易裂角，收获时落粒少；四是种子具有一定的休眠时间，不易穗上发芽；五是要耐迟播、早熟。

（傅廷栋　中国工程院院士、油菜遗传育种学家）

Part 4

民生杂谈

以泛粮食经济话题为主，侧重从“软话题”中挖掘深度，有针对热点事件的时事评论，有发轫基层的顿悟声音，分析与评述涉农涉粮新思潮、新现象，追求话题的热度、评说的高度、观察的角度，表达方式理性、平等、宽容，借一方小天地，助力“三农”问题的解决；借专家之言，呼吁大众关注“三农”、服务“三农”。

李功民：
取消调和油乃杜绝地沟油之良策

2000年之前，我国市场上的食用油只有花生油、大豆油、菜籽油、棉籽油等单一品种，别说地沟油，就是不同的食用油相互掺兑都能检测出来，所以地沟油根本无法冒充其他食用油，也无法掺入其他食用油之中。自从有了调和油，就乱套了。禁止厂家直接生产调和油，可以从根本上解决地沟油的问题。

近期媒体对地沟油的曝光，使食用油行业及餐饮业经受了一场“大地震”，似乎健康餐饮离我们越来越远。作为食用油的生产者和消费者，笔者感到忧心忡忡。而当看到卫生部再次征集地沟油的鉴别方法时，心情也变得更加纠结。

其实，要解决地沟油的问题，首先要看地沟油是在什么样的背景下走上餐桌的。时间以2000年为分界点，在此之前，我国也有地沟油，但是并没有出现在餐桌上，其主要原因就是2000年以前市场上的食用油只有花生油、大豆油、菜籽油、棉籽油等单一品种，以上食用油均有国家标准。不同食用油的脂肪酸组成是不一样的，一般的食用油生产厂家和检测机构都能检测。我国现有的检测水平很容易就能检测出花生油、大豆油、菜籽油、棉籽油等油品是否纯正。别说地沟油，就是不同的食用油相互掺兑都能检测出来，所以地沟油根本无法冒充其他食用油，也无法掺入其他食用油之中。

然而，自从有了调和油，就乱套了。在我国食用油市场上，调和油没有国家标准，只有企业标准和早已过时的行业标准（SB/T10292—1998）。某些企业利用我国市场缺陷，以低价的进口转基因大豆油为主要成分，加入少量的国产非转基因花生油、芝麻油等，还有的加入大量棕榈油，更有甚者加入地沟油，美其名曰“优质健康”，甚至是专利产品。其实，这是某些企业打着“优质健康”和专利产品的幌子，以劣质低价油蒙骗广大消费者，牟取暴利，也导致食用油市场乱象丛生。

为了让地沟油远离餐桌，笔者向国家有关部门和广大的食品行业同人提出建议：

首先，由国家有关部门宣布禁止厂家直接生产调和油，同时企业主动停止或放弃生产调和油，全部以单一品种食用油面市，让广大消费者根据自己的消费需求、经济条件，自己决定选用适合自己的食用油。消费者意识到国产的非转基因大豆油、花生油、菜籽油、玉米油、葵花籽油、茶油等的营养价值之后，自然会倾向选用，无形中就会让国产的非转基因油料、油脂价格回归并提高。农民种植意愿高了，产量提高了，民族油脂企业发展了，食用油消费安全了，这样的局面何乐而不为？同时，禁止厂家直接生产调和油，还有利于监管部门对食用油的监管，从而从根本上解决地沟油的问题。

其次，不制定调和油的国家标准，也不允许任何调和油企业标准和行业标准的存在。由卫生部牵头制定发布一份国民食用调和油健康指南，指导消费者选择适合自己的食用油，并根据营养需要自己调配，指导消费者在终端理性选择、健康调配，从而实现调和油存在的价值——提供均衡营养。

再次，油脂行业同人自发自律，规范企业行为，切实担起重任，为消费者提供优质健康的食用油，为实现食品安全、构建和谐社会贡献力量。

（李功民　河南包公食品有限公司董事长）

郑励志：

缘木求“油”大有可为

我国有木本油料树种200多种，又是世界上最大的人工造林大国，如果积极开发不与粮棉争地的木本油料资源，将木本油料树种作为各地植树造林的首选经济树种，相信神州大地一定能迎来一个“油果满枝头，子孙吃油再也不用愁”的新景观。这对于缓解我国食用油料短缺问题很有意义。

目前，我国每年食用油的消费总量为2500多万吨，其中60%以上依赖进口。对此，有专家表示，积极开发不与粮棉争地的木本油料资源，对缓解我国食用油料短缺问题很有意义。笔者认为，大力发展木本油料，缘木求“油”，具有巨大潜力和美好前景。

国家发改委、商务部发布的《外商投资产业指导目录》(2011年修订)显示，国家将鼓励外商投资木本食用油料、调料和工业原料的种植、开发及生产。这一产业政策，或将使我国木本油料再次向纵深发展。

作为木本油料家族的重要成员油茶，其发展已纳入国家战略。《全国油茶产业发展规划(2009—2020年)》提出，2020年我国油茶林基地将达到7000万亩，年产茶油超过250万吨。据测算,2020年我国食用油消费量将可能达到3200万吨,按此计算,这意味着油茶可使我国食用油自给率提高近8%。

分布27个省(市、区)的200多万公顷的核桃家族,2007年总产量居世界之首,但均产还不及位居第二的美国的1/10。如果通过选育良种、科学栽培,届时全国不用增加种植面积,就可增产600万吨左右核桃,折油约200万吨。

还有曾作为"友谊树"引进的油橄榄树也已在我国一些适种地区安家落户,产油应市。海口市成功引进的油棕,每年产棕榈油可达500公斤。至于20世纪从北美传入江苏的长山核桃(薄壳山核桃、碧根果),在被冷落百年后,更是在林果专家潜心探索培育下,开始崭露头角,如江苏省盐城市李灶村退休农技干部仇祝华由几个薄壳山核桃种子起步,到2009年家前屋后3批栽种的21棵薄壳山核桃共收果200多公斤,卖1.2万多元,其中最早种植的2棵分别收果30公斤和50公斤。而南京中山植物园内那棵年逾73岁高龄的薄壳山核桃,2011年经实打实测,实收核桃102公斤。所有这些都充分证明了缘木求"油"的巨大潜力和美好前景。

国家林业局副局长赵树丛在一次会议讲话中提到:全国有木本油料树种200多种,木本粮食树种100多种,到2010年年底,全国主要木本粮油树种种植面积约1.43亿亩。这一数字显然与林地、宜林地面积数倍于耕地的世界林业大国很不相称,并且我国又是世界上最大的人工造林大国。

有资料显示,30年来,我国全民义务植树560多亿棵。若能从中选若干适合各地种植的木本油料树种,只要有1/5是木本油料树种,就能有100多亿棵,以每棵年产油3~5公斤计,每年能新增油源3000万~5000万吨。还有10多年来全国4亿多亩退耕还林土地,若有一半种上油料树,以亩产油20~50公斤计,也可年增油源400万~1000万吨。

只要我们在全民义务植树活动中,改变过去单一追求生态或景观效应的观赏树种,将木本油料树种作为各地植树造林的首选经济树种,相信神州大地一定能迎来一个"油果满枝头,子孙吃油再也不用愁"的新景观。

(郑励志　江苏省粮食局退休职工)

石少龙：

70亿张嘴啃地球 保口粮立足国内

20世纪七八十年代的教科书中写道：中国吃进口粮，一是买不起，二是政治上不能吃(粮源紧，第三世界人民要吃)，三是即使买到了也运不回(港口装卸能力有限)。依今天之国力，第一个和第三个问题可能都不是问题，但国际市场商品粮依然不足，靠大量进口解决粮食问题很不现实，保口粮仍要立足国内。

2011年10月31日凌晨，成为象征性的全球第70亿名成员之一的婴儿在菲律宾降生，联合国还预测2050年全球人口将达到93亿人，联合国为此列举了贫困与不平等、环境问题等各国应合作克服的七大课题，最迫切的是如何确保70亿人的粮食问题。

1991年，美国《时代》杂志刊登E.林登的文章："地球能生产足够粮食来供应迅速增长的全球人口吗？"1994年，美国学者布朗发表报告《谁来养活中国》，更是震动中国和世界。最近，联合国粮农组织紧急召集各国约300名专家聚会罗马，发布《如何养活2050年的世界》的报告书。这一系列叩问，不得不促使我们严肃思考。

首先，温饱问题需要解决。据联合国粮农组织和世界粮食计划署公布的数据，全球仍有近10亿人长期忍受饥饿,其中96%集中在发展中国家和地区,分布不平衡。非洲很多国家连最起码的温饱都无法解决,营养不良和饥饿成为最大的威胁。国际社会对缺粮国的援助几乎不曾停止过。包括肯尼亚在内的"非洲之角"地区,遭遇60年以来罕见大旱,饥饿问题更显突出。中国政府已向受灾国提供了价值约4.4亿元人民币的紧急粮食援助。

其次,立足国内解决粮食问题的立场需要坚持。20世纪七八十年代的教科书中写道:中国吃进口粮,一是买不起,二是政治上不能吃(粮源紧,第三世界人民要吃),三是即使买到了也运不回(港口装卸能力有限)。依今天之国力,第一个和第三个问题可能都不是问题,但国际市场商品粮依然不足,靠大量进口解决粮食问题很不现实。1996年,《中国的粮食问题》白皮书就指出:立足国内资源,实现粮食基本自给,是中国解决粮食供求问题的基本方针。2008年,《国家粮食安全中长期规划纲要(2008—2020年)》提出,保障粮食安全的指导思想仍然是坚持立足于基本,靠国内保障粮食供给。

再次,粮食安全的警钟需要长鸣。

"七连丰"已然实现,而"八连丰"就在眼前。但粮食问题解决了吗?没有。虽说世界70亿人口迟来5年有中国少生4亿人的功劳,但人口数量仍是制约我国经济社会发展的关键问题之一。据预测,我国大陆总人口未来10年将增加到14.5亿人左右。而"八连丰"则是建立在"2003年粮食产量是一个阶段低谷"的基础上,有的主粮产量尚未达到历史最高水平,"八连丰" 的现实也不是国内处处丰产。从一定意义上而言,"八连丰"是人们努力下的恢复性增产。若我国或国际粮食出口国一旦遇到年度性大灾害,我国粮食供求就很可能失去平衡;若灾年接二连三,粮食供求问题更不容小觑。再加上我国粮食生产有"两丰两平一歉"的生产周期,农业抵御自然灾害能力纵然再强,"八连丰"也难成常态。粮食安全问题万不可盲目乐观,对此应有清醒认识。

(石少龙　湖南省粮食局副局长)

张立伟:

工业化食品无可厚非
确保生产安全性是关键

城市文明已经让饮食成为一种产业，它需要商家提高效率,降低成本,快速提供色香味俱佳的产品。工业化色彩的快餐，通过生产规模化和产品标准化进行流水作业,以更高的效率提供一种较为廉价的食品,满足城市生活比较快的节奏。但如何确保工业化生产的安全性,是中国面临的又一挑战。

发生在快餐企业的勾兑事件,引发了公众对食品安全的质疑,这种质疑反映了公众对其制作方式的不认可。其实,勾兑是快餐企业一种正常的工业化生产方式。但如何确保工业化生产的安全性,是中国面临的又一挑战。

现代餐饮业有两种不同形态:一种是厨师烹调的传统方式,这种方式因为费时且人工成本过高而逐渐走高档路线;另外一种就是具有工业化色彩的快餐,它通过生产规模化和产品标准化进行流水作业,以更高的效率提供一种较为廉价的食品,满足城市生活比较快的节奏。

公众对快餐企业勾兑事件的质疑,反映了部分人对食品工业的一种不恰当认识,即餐馆必须以原生态的生产方式提供产品。中国的饮食传统源于农耕时代的烹制方法，但在现代城市文明当中，大部分人没有能力、时间和金钱去消费原生态的饮食。事实上，只要没有向消费者虚假宣传现场烹制，这种方式无可厚非；只要在勾兑过程中没有添加非法添加剂，这种勾兑出来的汤料和饮料也属合法。

公众对勾兑和添加剂的怀疑源自一种根深蒂固的传统思维，即对工业文明侵入饮食业的不安，担心食品因掺入工业品而对人体构成危害，这也是全球性恐惧。但是，在中国还有特殊原因，因为大部分暴露的食品安全问题都来自非法添加剂，比如三聚氰胺、瘦肉精、苏丹红等都是不允许在食品中添加的化学品。在这样的环境下，原本合法的食品添加剂也被妖魔化了，并影响到整个快餐企业。

我们必须明白，城市文明已经让饮食成为一种产业，它需要商家提高效率，降低成本，快速提供色香味俱佳的产品。显而易见的是，这种快速制作的食品可能缺乏营养，甚至被称为"垃圾食品"。人们有选择的自由：一种是快餐，廉价、快速但缺乏营养；另一种是昂贵的传统烹调，或者自己下厨过"绿色生活"，但时间与金钱成本过高。以传统的生产方式几乎可以肯定无法满足一个城市的饮食需求，而且由于膨胀的人口与资源稀缺之间的矛盾，大部分鸡、鸭、鱼、肉以及蔬菜都已工业化生产，也就是说，现代饮食业从源头就已经工业化了，这是无可回避的事实。

现在的问题是如何确保工业化生产的安全性，这正是中国所面临的挑战以及人们恐惧的源泉。因为在生产环节，过度使用农药、化肥以及各种激素和抗生素，在食品制作过程中，大量添加法律不允许的有害人体健康的添加剂，从而让国人对添加剂和工业化生产产生本能的抗拒。这要求中国法律、监管部门以及生产商必须确保食品添加剂的名称与含量在允许范围之内，并对那些非法添加以及存在欺诈行为的企业进行严厉处罚。

（张立伟　媒体人）

马心宇：

粮食安全可持续发展需提升为国家战略

近年来，在常规粮食质量卫生检验中，农药残留、重金属超标、环境污染等事件屡有发生，直接原因就是盲目的工业化开发建设，导致土地资源退化、水资源污染、生态环境受到破坏，制约了粮食安全的可持续发展。因此，必须最大限度地减少种植环境污染，维持生态平衡，改善生态环境。

民以食为天，食以安为先。粮食安全涉及社会发展和人类健康，粮食安全的可持续发展是经济可持续发展的重要组成部分，因此必须提升至国家宏观发展战略和可持续发展战略层面。

近两年，区域性粮食质量检测机构在开展地区粮食收获质量调查和品质测报工作过程中发现，粮食安全仍然存在着“不平衡、不协调、不可持续”的现象，主要表现在三个方面：一是生态不平衡，即重经济，轻生态，粮食安全的基础资源面临挑战；二是发展不协调，即重发展速度，轻生活质量，科学和谐发展的局面雏形待建；三是安全不持续，即重粮食数量，轻粮食质量，可持续发展战略意识有待提升。

纵观我国粮食产业发展现状与前景，以及全球粮食安全危机与隐患，我国粮食及其产品安全将势必在可持续发展战略中得到强化，也亟待提升到国家宏观发展战略和可持续发展战略层面上来。

第一，粮食数量应在可持续中求稳定。

耕地面积是第一制约因素。近年来，我国部分耕地质量降低，在农业科技没有重大突破的情况下，粮食单产持续提高难度加大。据全国人大农业与农村委员会透露：目前，我国耕地面积为18.26亿亩，比1995年减少1.25亿亩，比1997年减少1.23亿亩，可耕地面积呈下降趋势。因此，着力解决“人增地减”已成为我国现代化进程中最突出的问题，这是粮食安全可持续发展的突破口和临界点。

水资源短缺成为另一制约因素。目前，我国正处于快速工业化、城市化进程中，如果以单纯消耗资源、盲目开采地下水、片面追求经济数量增长的传统发展模式，势必严重威胁水资源的可持续利用。因此，怎样以较低的资源代价和社会代价取得较高的经济发展水平，并保持持续增长，是保持粮食生产可持续发展的战略性抉择。

第二，粮食质量应在可持续中谋重生。

一是必须确保粮食种植环境的安全系数。近年来，在常规粮食质量卫生检验中，农药残留、重金属超标、环境污染等事件屡有发生，直接原因就是盲目的工业化开发建设，导致土地资源退化、水资源污染、生态环境受到破坏，制约了粮食安全的可持续发展。因此，必须开发绿色种植环境，最大限度地减少种植环境污染，维持生态平衡，改善生态环境。

二是推进粮食质量监管的可持续性。必须建立粮食质量控制体系，把粮食质量监管与检测贯穿于粮食生产、收购、销售、储运、加工的全过程。以国家粮食法律、法规和政策为武器，建立优质、高效、绿色的生态体系，规范粮食产品质量认证、市场准入等制度，不断改善粮食质量监控环境，充分发挥粮食质量监测机构的监管作用，建立完善的质量信息社会化监督体系和食品安全预警系统，正确引导粮食种植、经营与消费，严防粮食及其产品的不安全事故发生，逐步实现粮食经济的“包容性”发展方式，确保国家粮食安全。

（马心宇　河南省濮阳市国家粮食质量监测站站长）

吴聪先:

粮食安全重在"质"关乎幸福指数

这几年民众对粮食质量提出了更高的要求。以往有粮就是"娘",有饮就满意,有鲜就兴奋,现在开始追求"食的生态,嚼的甘味,飨的益寿"。粮食安全既有量的考量,又有质的评价。若粮食质量不过关,含有瑕疵或有害,某种意义上甚于饥荒。

人生存的基本要素是有饭吃。我国人口占世界人口的19%,耕地占7%。为保障吃,在政策上,我国实行包产到户,土地承包顺延30年不变,鼓励资源整合、集约种植;取消农民各类税费,给予种粮补贴。在耕作上,投入资金研发上乘品种和有机肥料,努力提高单产,倡导双季功效。在源头上,坚守18亿亩农田不"沦陷",实行占补平衡等强有力的耕地保护措施。

由于"组合拳"连环发力,虽然这几年我国极端天气频繁,但是粮食连续几年均突破1万亿斤,粮食自给率更是高达95%以上。

有了数量的支撑,随着经济的发展,民众的生活质量也在不断提升,尤其是对粮食质量提出了更高的要求。以往有粮就是"娘",有饮就满意,有鲜就兴奋,现在逐渐开始追求"食的生态,嚼的甘味,飨的益寿",这既是社会进步的体现,也是百姓幸福指数题中应有之义。

粮食安全重在"质",应贯穿于粮食生产、加工和流通的全过程,建议从以下3个环节切入:

一是种植。以大米为例,其质量优劣的首要关口就是种子,应精选适应当地生长且丰产的种子。对转基因品种,要持科学严谨态度,没有十分把握,不可轻易投用。

俗话说"胚不好,难修正果"。种植庄稼,种苗是本。各层面应创造条件设立种子库,不断拓展,推陈出新,为民族的生存、壮大存"火种"。

黑土地的稻谷、鲁豫大地的麦穗、壶口瀑布畔的玉米等之所以令人垂涎欲滴,在于土质。耕地的肥瘦,既有先天的沉淀,更在于后天的滋养。好地不能竭泽而渔,差地应授人以渔。要通过土地"轮休",勤添有机肥料、农家肥,科学助长。

常言道,只有青山绿水好风光,方能哺育出上佳之粮。除了土地,还要有足够的水源来保障五谷的滋润。应提倡喷洒、滴灌等节水路径。水源要环保,这就要求基本农田保护区设置范围外应设立"防火墙",确保水质达标。

二是加工。稻麦的削屑并非精细即是强。谷物加工不能破坏其固有的氨基酸、蛋白质、维生素、矿物质等人体需要的营养成分,而一味迎合色泽、口感。加工流程要注意卫生保洁,留意周边的水、气、烟、尘的排放是否符合标准,防止二次污染。

三是销售。粮食作为商品投放市场,工商、质检、食品安全、物价等相关部门可参与监管其品质。但作为休戚与共的粮食部门,更应责无旁贷,主动出击,有力践行,把住原粮质量关、成品粮流通口,尤其是进出仓的储备粮,在完成量的同时,尤应透析质的规定,腐变、脂肪酸超限或有害重金属残留等更应该是防范和打击的重点。

要培养一批技术精湛、有社会良知的管理和检测人员,采取课题研究、交流互动、外出拜师、讨教消费者等形式,不断改善管理能力。

粮食安全既有量的考量,又有质的评价。若粮食质量不过关,含有瑕疵或有害,在某种意义上更甚于饥荒,这不难看出粮食安全重在"质"的战略意义所在。

(吴聪先　福建省福州市粮食局调研员)

李泓冰：
餐桌保卫战　从返璞归真开始

人口激增以及人们对生活享受的不懈追求，让迅速膨胀的食品工业大行其道。在谈“毒”色变的餐桌上，已经没有任何一个国家、任何一个人能超然地置身事外了。我们每一个食客，也许需要反思眼下越来越反季节、精致化、无节制的食品消费习惯了，我们需要在餐桌上开始一次返璞归真的运动。

正当国人为食品安全红灯频闪而忧心忡忡之际，一波全球性的食品安全危机汹涌而至，其中尤以台湾的塑化剂、德国的有毒蔬果最触目惊心。有食品安全方面的专家甚至用全球性崩溃来描述食品安全管理体系面临的重大危机。

如果连素称科技发达、监管严谨、安全检测几近苛刻的德国乃至欧洲，也不能在食品危机中独善其身，那么，世界之大，何处能安放一张安全的餐桌？

看来，在谈“毒”色变的餐桌上，已经没有任何一个国家、任何一个人能超然地置身事外了。

对中国而言，冷静思索一下工业化浪潮的狂飙猛进，我们可以警觉到这场食品安全危机其来有自。就在三四十年前,中国的大中城市还有可能听到马蹄声,将从田头直接拉进小菜场的蔬果搬上餐桌。如果有心打探,完全可能顺藤摸瓜,知道当天的鱼香茄子来自京郊张大爷的地里,而番茄炒蛋可能分别出自李二嫂的锄下和刘大婶的鸡窝。而张大爷、李二嫂和刘大婶以传统耕作和饲养方式培育的农副产品,和他们爷爷,乃至爷爷的爷爷的产品,品质和味道几乎没有变化。

但是,人口激增以及人们对生活享受的不懈追求,让迅速膨胀的食品工业大行其道。

而今的人们越来越有口福,东北人可以吃到海南的椰子,上海人也在大啖新疆的香梨,北京人则习惯了山东寿光的大棚蔬菜,食品的产业链正在无限延长,其链条构成也日趋复杂。我们从技术上已很难判断一根黄瓜从采种到餐桌,究竟经过多少人的手,其中又添加了多少东西。这根黄瓜的背后,早已不再是一位憨厚的农民,而是无数双看不见的手、看不见的公司、看不见的各行各业各色人等。众所周知,不少鱼群、牛群等,也和我们一样在服用抗生素……

这样一根漫长的食品生产与加工链条,甚至还延伸到国界以外。日本核辐射让全球日餐馆的生鱼片都仿佛变得可疑,德国“毒黄瓜”让全球的黄瓜同时垂头丧气,台湾的塑化剂让各国食品卫生部门都开始重新审视自己的食品添加剂禁用榜单……于是,我们常常不知道问题食品“病”在链条的哪一节,德国至今还在为寻找出血性大肠杆菌的源头而绞尽脑汁。于是,在滞后的法律和监管技术面前,作祟者愈发明目张胆。

这是一场必须各国协调作战的全球性的“餐桌保卫战”,需要踊跃参战的不仅仅是各国食品安全监管部门,需要严格完善的也不独是各国的食品监管法规,我们每一个食客,可能也要开始反思眼下越来越反季节、精致化、无节制的食品消费习惯了,也许需要在餐桌上开始一次返璞归真的运动。否则,人类真的可能自食苦果。

(李泓冰　人民日报海外版高级编辑)

吴 庆：
完善制度安排 严控粮食浪费

从生产环节一直到消费环节，我国粮食存在种种浪费。如果我们能够做得好一些，如果中国不再浪费那么多的粮食，我们也许不需要那么多粮食了。中国的粮食市场制度怎么安排，开放程度有多高，并不完全可以自由选择。完全的开放不在我们决策者选择的空间之内。

从生产环节一直到消费环节，我国粮食存在种种浪费。如果不改变制度安排，这种浪费还会持续下去。

首先，我们的土地有很多的闲置，为什么土地会闲置？从制度上来说，我们人为地压低粮食的价格，我们非要用低的粮食价格让穷人也买得起粮食。既然你压低了粮食价格，肯定有一部分土地再去种植的话就不再经济了。

其次，还有一些土地存在竞争性的用途，廉地价拿去给工业用，牺牲了我们的粮食用地、住宅用地。工业用地很浪费，原因是什么？经济学有一个通用的道理，如果一部分人可以支配另一部分人的财产，那么一定会出现浪费。政府征用土地的时候，从农民手里拿到的土地价格很低,只要拿到手,就是一份收益,这是一种基本制度上的不合理。只要有这种制度,浪费还会持续下去。

再次,是消费环节上,特别是我们的大城市、中心城市粮食浪费非常严重。为什么有那么多的泔水运出城去做成地沟油?就是因为我们浪费得太厉害了,就是一部分人花别人的钱请客吃饭。

如果我们能够做得好一些,如果中国不再浪费那么多的粮食,我们也许不需要那么多粮食了。应该有一个数量上的研究,把各个城市消费的粮食数量统计出来,如果有人做,一定会有意义。

粮食的话题是一个制度的问题,我们既要考虑国内制度安排,也要考虑未来国际环境的制度安排。借助国际市场解决中国的粮食问题,是很重大的国家战略问题。

必须承认,我们在粮食生产方面、土地方面、水方面有很多的缺陷,如果封闭自己的市场,完全靠自给自足满足需求,我们就必须回到粗茶淡饭的时代,不光吃肉吃不起,炒菜都炒不起,因为没有那么多食用油,这恐怕是所有人都很难接受的。因此,中国的粮食市场已经不可能再回到封闭的状态,我们要用贸易的条件来弥补资源方面的不足。

我们和主要贸易伙伴的价值观不一样,政治体制不一样,如果开放我们的市场,开放到什么程度,是有一条边界的,政府首先面对的是粮食政策的边界问题。如果能够维持一个和平的世界环境,中国的粮食安全无疑会更有保障。

中国的粮食市场制度怎么安排,开放程度有多高,并不完全可以自由选择。完全的开放不在我们决策者选择的空间之内。现实的选择就是要考虑到这样的边界条件作一些选择,其中可选择的空间还是非常大的。我们进口大豆和油类,节省了5亿亩耕地,这就是一种很好的做法。

(吴庆　国务院发展研究中心研究员)

刘燕舞：

增强基层统筹能力 破解农田水利困境

下雨便是涝灾，不下雨便是旱灾。在某些地方，农田水利状况十分堪忧，已严重威胁农业安全。因此，"老天爷"非常尴尬，它已经无法决定这雨是该下还是不该下。不过，更令人担忧的是，与这一套硬件相对接的软件——涉及农田水利的制度实践、组织能力以及农户之间的合作等几乎处于瘫痪状态。

2010年年初，我们在湖北省某镇就当前农田水利现状展开了为期半个月的调查。我们发现，当地农田水利状况十分堪忧，已严重威胁农业安全。这种状况可以用一句话来概括：下雨便是涝灾，不下雨便是旱灾。因此，"老天爷"非常尴尬，它已经无法决定这雨是该下还是不该下。

给我们最直观的印象是，渠不成渠，沟不成沟。渠道淤塞严重，崩岸严重，堤面和堤身均损毁严重。堤面和堤身，不管是迎水面还是背水面，都已被当地农民大量刨松种植。此外，堤土被取走的情况也十分严重，有些堤段原来是堤比田高1米，现在则是田比堤高1米。四沟除需要作为分界线的厢沟还保持较为勉强外，其他沟95%以上已经被填平或损坏。沟渠的严重损毁，使得排涝时水无法排出，庄稼被淹严重；灌溉时水无法到达田里，庄稼受旱严重。

不过，更令人担忧的是，与这一套硬件相对接的软件——涉及农田水利的制度实践、组织能力以及农户之间的合作等几乎处于瘫痪状态。软件现状的严重程度可以用我们访谈到的几乎每个农民都会说的一句话来形容："现在农田水利没人管了！"当前，农田水利的问题从表象上来看，是一系列农田水利硬件设施的损毁与老化；从组织角度来说，主要在于乡镇与村组集体失去了应有的统筹能力。农田水利作为公益事业，仅靠分散的农户采取自救式的办法终究是会出问题的。

要从根本上改变现状，就必须让乡镇与村组集体重新找回统筹能力。

只有加强农田水利方面的财政转移支付，重新平衡各利益主体，才能使当前失序的农田水利重归秩序。具体来说，我们认为有两个办法可行：其一，是专门拿出一部分针对农田水利的资金；其二，是从新增的涉农补贴里面拿出一定比例的资金补贴农田水利。专项资金不能补给分散的农户个体，而只能补给村组集体。

就乡镇一级而言，当前的乡镇综合配套改革需要反思，对于像水管站、农技站这些公益性与公共性十分强的部门，则只能作为政府的事业单位甚至行政单位来对待，否则就一定会出现当前的困境，并会持续恶化。

对于村组而言，就目前的状况来看，继续让其空心化以致无法正常运转是不行的。要强化村组两级的财力，让其能够有钱办事。新增的涉农补贴中应拿出较大的比例来支持村组集体的运转。

加强针对农田水利的专项转移支付，让村组集体能够重新平衡农田水利中的受益各方，也就完善了"责任"；加强基层政权和基层组织建设，增强其统筹能力，也就完善了"统"和"分"的关系。由此，农田水利困局的破题才有可能。

（刘燕舞　华中科技大学中国乡村治理研究中心博士）

张　毅：
坚持直补不动摇

直补政策释放了鲜明的信号，营造了各级政府加强农业生产的社会环境。这笔钱撒的不是“胡椒面”，而是“催化剂”，催化了农民种粮的积极性，催化了现代农业的发展潜力。因此，补贴给户主也罢，补贴给种田的人也罢，终归补贴到田里去了。这就是对种粮人的支持，就能调动生产积极性。

这几年，国家鼓励农民种粮，采取财政直补的政策，有力地调动了农民种粮的积极性。可是，也有少数人建议，应当把这笔补贴的钱统筹使用，以便集中搞农业基础建设，或者上农业项目。这些人认为，资金分散到户，撒了“胡椒面”，而且现在很多农民外出打工，补贴到户，未必真正补贴到种田人的手上。

按理说，种粮大户应当是最反对直补的，因为他们种的都是从别人那里租来的田，而补贴却落不到自己的户头上。可是问到的几个种粮大户，没一个反对的。为什么?江西安义县新民乡的种粮大户黎修山说，补贴到户主，土地租金就低些，如果补贴给种田的人或者没有这些补贴，按现在的粮食价格行情，土地租金就会抬高，里外一个账。因此，种田的人只问租金，不问补贴。而且如果补贴跟着种田的人走，还有一个麻烦：一些人今年在外面打工，明年又要回来种田，过段时间又要出去，随意性很大，补贴怎么搞？

因此，补贴给户主也罢，补贴给种田的人也罢，终归是按田补贴的。这就是对种粮人的支持，就能调动生产积极性。

而且，直补政策释放了鲜明的信号，营造了各级政府加强农业生产的社会环境。据介绍，安义县25万亩稻田在3年内已被轮流抽样检测一遍，谁家的田缺什么肥，农民明明白白。这几年，农民买农机、用农机的热情很高，农业机械化大幅提高，而且粮食良种率、整齐度快速提高。这些都是直补的效果。

这样看，这笔钱撒的不是“胡椒面”，而是“催化剂”，催化了农民种粮的积极性，催化了现代农业的发展潜力。

反过头来看，不主张直补的，相当一部分是基层领导干部。我们相信，假如真的把这笔钱集中到县、镇，大多数地方也会认真筹划，妥善安排，把钱花在刀刃上。但经验也一再提醒我们，那样很难保证支农政策不折不扣，很可能“局部滋润、普遍喊渴”，甚至挪用截留也不足为奇。

在农业的直补时代，怎样进一步加强农业基础，尤其是公益性建设，的确值得重视。取消农业税，实行直补，是中央给农民的实惠，这已深得人心、深入人心，不能动摇。

与此同时，中央不断加大统筹城乡、反哺农业力度，大幅度增加支农项目和专项资金。这几年，财政、土地、农业部门的项目都发挥了很大作用，农业基础明显上了台阶。

（张毅　人民日报新农村周刊主编）

黄　冠：
稳定物价需要更多“绿色通道”

与货物运输的有形通道相比，无形通道的作用也很重要。从产地到消费者手中，货物能否顺畅地通过各层各类管理关口，是否因“现管”、“吃拿卡要”增加成本，同样会对物价产生影响。政府必须依法行政，法律范畴之外、没有行政许可的事项，决不能巧立名目借监管之名乱收费、乱罚款。

2010年12月初，随着稳定物价的一系列政策措施落实，各地蔬菜价格全面回落，其中针对鲜活农产品运输的“绿色通道”政策功不可没。这说明，改善社会管理、实现货畅其流对于稳定物价相当重要。

“绿色通道”政策在我国实施已有多年。早在2005年年底，我国就基本建成了“五纵两横”的鲜活农产品流通“绿色通道”网络，并明确对整车合法装载运输鲜活农产品的车辆予以降低或免收通行费。确保“绿色通道”畅通，有利于减少鲜活农产品在流通环节中的损耗，挤压其中的“水分”，让农民和消费者两头得到实惠。

2010年下半年，受国内外多种因素影响，以农产品为主的生活必需品价格上涨较快。10月份居民消费价格指数同比涨幅4.4%，其中食品价格上涨10.1%。物价上涨，加大了城乡居民特别是中低收入群体的生活负担。有关调研显示，流通环节过多、流通成本过高是物价上涨的重要原因。因此，进一步完善“绿色通道”政策十分必要。

与货物运输的有形通道相比，无形通道的作用也很重要。从产地到消费者手中，货物能否顺畅地通过各层各类管理关口，是否因大大小小的“现管”、“吃拿卡要”而增加成本，同样会对物价产生影响。

稳定物价，政府必须依法行政，法律范畴之外、没有行政许可的事项，决不能巧立名目借监管之名乱收费、乱罚款。

稳定物价，需要深化改革、改进作风。部门职能交叉重叠、权责不清，会降低政府办事效率，影响经济社会发展，也是推高物价的重要因素。新华社曾报道的“8个部门管一头猪”事例，充分说明了政府管理科学化的重要性。建设服务型政府应当纳入稳定物价内容，根据经济社会发展的新形势创新政府管理和服务方式，避免惯性管理加重企业负担、推高物价。

稳定物价，还需要各级政府一把手高度重视“绿色通道”真正畅通无阻。中央政治局会议明确提出，要加强市场保障和价格稳定工作，落实“米袋子”省长负责制和“菜篮子”市长负责制。2010年12月1日起，包括收费桥梁、隧道在内的所有收费公路落实“绿色通道”政策，对于装载鲜活农产品不低于车辆核载质量或车厢容积80%的运输车辆，一律免收通行费。为了确保这项政策有效执行，一把手要切实履行职责，及时监督协调相关部门把工作做实、做细。

小菜篮、大民生。以全面实施“绿色通道”政策为契机，希望各地区、各部门不仅在稳定鲜活农产品价格上多做“减免”文章，在其他领域也能转变观念，改进作风，促进货畅其流、物价稳定。

（黄冠　新华社高级评论员）

徐宗俦：

警惕转基因绑架粮食安全

外国人似乎总能"吃准"一些中国人的心态，居心叵测地针对我国进行转基因水稻、玉米的商业化操弄，目的不是想方设法帮助中国实现粮食的绝对安全，而是处心积虑地掌控中国粮食生产的命脉，从而达到左右中国水稻和玉米的育种、生产和销售的目的，攫取最大的政治与商业利益。

关于转基因在农业上的应用，从来没有停止过激烈的争论。之所以提出粮食安全别被转基因绑架，是因为世界大豆起源地、拥有世界最多栽培和野生大豆种植资源的我国，竟不无遗憾地沦陷于国外转基因大豆的围攻之中，以至于大豆及其制品的供应和价格涨落受制于人。

21世纪伊始，国内外一些"趣味相投"者出于利益大于责任的考量，遂雄心勃勃地窥视着我国大宗粮食作物——玉米和水稻。比如，美国的孟山都公司2001年至今在广西以"免费"的形式推广了上千万亩"迪卡"系列转基因玉米。2009年2月，绿色和平组织和第三世界网络组织联合发表的《谁是中国转基因水稻的真正主人》称：中国正在等待商业化种植三种转基因水稻，正在研发五种转基因水稻，涉及包括拜耳、孟山都在内的多家大型跨国公司的专利。2009年12月1日，我国的生物安全网公布的2009年第二批转基因生物安全证书批准清单上，几种转基因水稻赫然现身……门户洞开之际，足令更多业内人士忧心忡忡。

中国有近2/3的人口以大米为主食，畜牧业精饲料的80%以上以玉米为原料。因此，水稻、玉米的产量与质量对中国粮食安全，具有一"稳"定天下之功！

奇怪的是，外国人似乎总能"吃准"一些中国人的心态，居心叵测地针对我国进行转基因水稻、玉米的商业化操弄，目的不是想方设法帮助中国实现粮食的绝对安全，而是处心积虑地掌控中国粮食生产的命脉，攫取最大的政治与商业利益。他们的算盘打得很响：纵然中国有超高产的"两杂"（杂交玉米、杂交水稻），他们推出具有"国外专利"的转基因水稻、玉米，把转基因水稻、玉米之遗传基础"嵌进"（专业术语也叫"转育"）"两杂"中去，最终制约"两杂"的发展方向，从而达到左右中国水稻和玉米的育种、生产和销售的目的……到头来被他人"卡"着脖子，仰人鼻息，那将是13亿人民的灾难！

不论国外商业化研究机构如何操弄，国内一些顶着"科研"桂冠的商业化人士如何积极响应，都抹杀不了中国是世界稻的发源地这一基本事实，可利用的水稻多样化遗传资源其实很广泛。因此，绝不能随转基因水稻、玉米之魔笛起舞，更不能自乱阵脚，要制止某些利益集团一心为国外公司卖种子赚大钱，置国家粮食安全于脑后的错误行为。

（徐宗俦　原贵州省政协委员）

周清杰：
不能对农副产品涨价过于敏感

某些时期，农副产品价格出现明显上涨，往往合理成分更多一些。此时，如果政府进行市场调控来平抑物价，就等于剥夺了农业生产者弥补市场风险的机会。从长远来看，农副产品价格长期低位运行不仅会制约农业的发展，危及粮食安全，而且会给食品安全埋下隐患。

“三农”问题是历史难题。农业是典型的弱质产业，干旱、洪涝、暴雪、飓风、害虫、疫病等任意一种自然灾害都可能给农业带来毁灭性打击，而低位的农产品价格无法让农民用高收益来应对较高的自然风险。

我们应从农业发展和农民增收的角度出发，重新考量两项与“三农”相关的政策措施。

第一，农业支持政策。以补贴为特色的“输血式”政策对提高农民收入的作用并不明显。作为依靠自然资源进行生产的传统产业，财政补贴在稳定其生产方面的作用主要是短期效应。因为在一个生产周期内，处于被动接受者地位的农业生产者所获得的财政补贴数量都是固定的、有限的,无法随市场变化及时调整。只要农产品价格不能反映生产周期内的高风险因素,无法通过高价来缓冲高风险,那么,农业生产者比较收益低的格局就很难有实质性的改变。

2009年我国主要农产品再一次获得丰收,其中财政补贴制度功不可没。然而,数据显示,当年我国农村居民人均农业收入为1988元,增幅只有2.2%,是各项收入中增速最低的。这一年农村居民的人均转移性收入增幅虽然高达23.1%,远超过了8.5%的平均增幅,但其绝对数额却仅为398元,很难为农民增收作出太大的贡献。

第二,农副产品市场调控政策。政府部门高度关注作为城镇居民生活必需品的农副产品的价格走势,这本无可厚非,但是我们不能对农副产品价格的上涨过于敏感。某些时期,农副产品价格出现明显上涨,往往合理成分更多一些,消费者应为因成本增加或因灾减产所导致的涨价埋单。如果政府进行市场调控来平抑物价,就等于剥夺了农业生产者弥补市场风险的机会。

从长远来看,农副产品价格长期低位运行不仅会制约农业的发展,危及粮食安全,而且会给食品安全埋下隐患。因为农副产品的种养殖者和初级加工者需要盈利,低回报势必会影响他们生产的积极性,甚至可能带来质量下滑的风险。

笔者认为,在农副产品价格偏低时,应该实施旨在保护处于弱势的农户利益的政策,以保障未来的市场供应;在农副产品价格上涨时,相对于平抑价格的措施而言,对处于弱势的低收入家庭进行补贴或许是更有效率的政策选择。

在农业生产者和消费者的利益天平上,政府应根据具体情况采取合理措施,调和冲突,保护弱者。

(周清杰　北京工商大学副教授)

郭予元：
“谈药色变”不可取

农药的推广应用对农业生产贡献巨大。世界上绝大多数国家普遍建立了农药登记和淘汰退出制度，以最大限度发挥好农药对农业生产的保障作用和防范农药的使用风险。在当前世界人口不断增加、可耕土地日益减少，而对粮食需求日益增加的情况下，农业生产更离不开农药。

我国现有农药品种600多个，常用品种300个左右，年产量200多万吨，不仅很好地满足了国内农业生产的需要，而且还为世界农业发展作出了应有的贡献。由于人们对它的片面认识和不合理使用，加之个别地方出现的农药残留超标事件，以至于一些人“谈药色变”。

农药是科技进步的结晶，农药的推广应用对农业生产贡献巨大，使用经济效益可达6倍以上。在美国，使用杀线虫剂可使甜菜增产175%、大豆增产91%；在菲律宾，使用除草剂可使水稻增产50%；在巴基斯坦，甘蔗栽培中使用杀虫剂可提高30%的产量；在非洲加纳，使用杀虫剂能使可可的产量翻3番。

在我国，农药在农作物病虫害防控中的贡献率达到70%~80%，年挽回经济损失3500亿元以上。我国发生农作物病虫害种类约1700种，造成严重危害的约有100种，重大生物灾害年发生面积60亿~70亿亩次。据测算，如果不采取防控措施，可能造成我国粮食产量损失11000多万吨，油料产量损失370多万吨，棉花产量损失200万吨以上，果品和蔬菜产量损失上亿吨，潜在经济损失5000亿元以上。

根据联合国粮农组织预测，到2050年全世界人口将超过90亿，粮食年产量要增加70%。在当前世界人口不断增加、可耕土地日益减少，而对粮食需求日益增加、农村劳动力日益减少的情况下，农业生产更离不开农药。

世界上绝大多数国家都对农药实行了严格的管理，普遍建立了农药登记和淘汰退出制度，以最大限度发挥好农药对农业生产的保障作用和防范农药的使用风险。

1997年国务院颁布实施了《农药管理条例》，由此，农药管理进入了法制化轨道。值得期待的是，国家正在对《农药管理条例》进行修订。相信新修订的《农药管理条例》，将更有效地促进农药产业的健康发展，保障农业生产安全、农产品质量安全和环境安全。

农民往往凭自身经验和用药习惯进行病虫害防控，农药的科学使用技术未真正被农民掌握和应用，不合理用药现象较为普遍。从实践来看，专业化统防统治是我国病虫害防控的发展方向。好药配上好技术，才能发挥其最大功效。当前，要充分利用"阳光工程"、"科技入户"、"技术推广"等项目载体，推广绿色防控、农业防治、物理防治、生态控制与化学防治相结合的技术，指导农民科学、合理使用农药，提高农民安全用药的水平。只有大家共同努力，才能保证粮食增产、农业增效、农民增收。

（郭予元　中国工程院院士）

陈少伟：
理性看待大资本农业

对于大资本进入粮食行业，尤其是外资企业在中国上马大项目，建设新厂房，我们大可不必惊慌失色。实质上让人担忧的是资本的炒作，而非运作，正常的产业资本运作反而对粮食行业的升级大有裨益。大资本的运作有利于产业重组，可以倒逼中小企业进行改革，改变“散、小、乱、差”的局面。

目前，粮食行业普遍存在产能过剩的现象，并且新一轮的产能扩张已启动。本轮扩张有个新特点，那就是大资本的进入。

以小麦市场为例，国内现有小麦年处理能力已达4亿吨，全年小麦消耗量在1.15亿吨左右，除去用于饲料和种子的小麦，实际用于加工面粉的小麦不足1亿吨。也就是说，目前我国面粉加工行业平均的设备开机率不会超过25%。江苏省、河南省等小麦主产区近年粮食的外运数量大减，许多新增的产能就地消化了原粮，如益海嘉里等大企业的落户，使得主产区有变为产销平衡区的趋势。

产能过剩致使中间需求膨胀而推高了原粮收购价格，而大资本的进入则加剧了产能过剩对粮价的助推作用。2010年我们在小麦收购市场上看到了中粮、华粮、益海嘉里等国内外大企业，为保证粮源，其他企业不惜提高收购价以取得竞争优势。

对于大资本进入粮食行业，尤其是外资企业在中国纷纷上马大项目，建设新厂房，我们大可不必惊慌失色。实质上让人担忧的是资本的炒作，而非运作，正常的产业资本运作反而对粮食行业的升级大有裨益。

一方面，资本的炒作使农产品金融化，极大地加剧了价格的异动。而要规范资本的炒作行为，信息透明和有效流通最为关键。

回顾2010年上半年农产品的大牛行情，许多炒作都基于市场信息不对称。如玉米，对于2009年减产的幅度，市场一直处于猜测当中，有消息传出减产数量达1500万吨，约占总产量的1/10，而相关部门到2010年5月底才正式公布减产信息，实际上仅为280万吨，不足总产量的2%，这完全可以通过库存来调节，但此时国内玉米价格已创历史新高。

针对信息不畅的问题，《全国粮食市场体系建设“十一五”规划》提出要建立一个全国性公共粮食市场信息服务系统。各个国家粮食交易中心应发挥主导作用，积极推行大宗粮食进场竞价交易方式，提升价格发现、信息提供的功能，着力构建区域性的粮食市场信息服务系统，并在此基础上形成国家层面的粮食市场信息服务系统。

另一方面，大资本的运作有利于产业重组。大企业的出现倒逼中小企业进行改革，改变“散、小、乱、差”的局面。随着粮食市场的进一步开放，国外和民间大资本开始进入市场。最早开放的大豆市场目前形成了以益海嘉里等为代表的国际资本，以中粮、华粮、中纺等为代表的国有资本，以及以广州植之元等为代表的民间资本三足鼎立之势，这种布局不失为一个新尝试。

（陈少伟　广东华南粮食交易中心董事长、总经理）

朱信凯：

规则先行　评估为先
让外资农业为我所用

外资进入农业领域具有积极作用，但负面效应也日益显露。对于外资进入农业产业，应谨慎加小心，规则先行，评估为先。一定要做好评估，从企业到地方政府、中央政府，都要有一个更长远的眼光，建立起一个比较完善的规则，这是国际资本进入中国良性发展的前提。

"最近几年，国际金融资本和产业资本，如两只老鹰在中国上空盘旋，给中国带来了机遇和挑战。"2010年8月28日，朱信凯教授以风趣幽默的开场白，开始了国际资本与中国新农业发展论坛的演讲。

外资进入农业领域对于拉动经济增长、解决劳动力就业、缓解农业发展资金不足、实现农业经济来源渠道多样化、推动地方农业产业化进程、开拓国际市场等，具有非常积极的作用，但负面效应也日益显露。

朱信凯介绍说，近年来，外资进入农业项目的资金数量呈高速增长态势，尤其是2005年以来，外资呈直线上升的趋势。外资企业在一些行业当中占有较大的市场份额，食用植物油占85%，果蔬加工占30%，饲料加工占23.6%，肉类加工占22%。外资进入的环节大多是集中度高、消费市场广、利润空间大、发展潜力大的优势产业。美国ADM公司、新加坡风力能源公司，2009年分别参与了东北大米、华北面粉及花生等加工产业。

在朱信凯看来，外资进入农业有六大负面影响。其一，弱化国家对农业产业的控制权，大豆产业基本上丢掉了，现在外资企业也在盯着玉米市场。其二，挤压中小企业的发展，导致民族农业企业空心化。其三，有可能削弱农业国际竞争力。外资企业并购在一定条件下会影响到国内企业的科研和产品开发能力。其四，粮油价格可能受制于国外期货市场，增加国内宏观调控的不确定性。其五，农业的结构性失业问题，有可能伴随着外资企业直接投资的增加而显现出来。其六，转基因产品的安全性将呈现新的发展态势，比如环境污染。

对于农业产业，朱信凯给出了三个方面的政策建议。

对于外资进入农业产业，应谨慎加小心，规则先行，评估为先。一定要做好各种各样的评估，从企业到地方政府、中央政府，都要有一个更长远的眼光，建立起一个比较完善的规则，这是国际资本进入中国良性发展的前提。

对于转基因的问题，应该技术先行，稳健为大。我们鼓励发展转基因产业，但是如果现在的技术没有达到国际领先水平，转基因就值得商榷。

对于体制改革的问题，应重视农业政策，轻视农业部门，重视农业资金，轻视投资效率，如果这一点不改变，中国的“三农”问题就会受到很大的约束。

（朱信凯　中国人民大学农村与农业学院副院长）

黎 霆：

尊重价值规律 正视食品质价矛盾

人们一般都忽视了改善食品质量所产生的成本问题，仍希望在提高食品质量的同时保持低价格。但当价格低到一定程度时，食品生产者可能会陷入遵循了质量标准就要亏损的困局。务实地来看，随着食品质量的改善，生产成本的提高是不可避免的，因此有必要在合理的范围内提高食品价格。

2008年三聚氰胺奶粉事件以来，我国已采取多项措施加强了对食品安全的监管。但三聚氰胺奶粉的重新出现，说明食品安全形势依然严峻。

食品安全事件之所以频发，除了监管体系依然不够完善、少数不法厂商见利忘义等原因以外，事实上还与多方面的深层次矛盾有关。要从根本上改善我国的食品质量，就应重视并解决这些深层次的矛盾。

首先，是质量安全和产量安全的矛盾。

一个明显的例子是乳业，有媒体曾统计了这样一组数据：1998~2006年，中国乳制品产量从60万吨增至1622万吨，增长到27倍，但奶牛存栏数仅从1998年的439.7万头增加到2007年的1387.9万头，只增长到3倍多。当然，乳制品产量增加的因素还有进口原料增加、技术进步等因素，但这个例子也说明，食品产量的快速增加可能会带来质量方面的问题。

我国食品需求量还在继续增长，但食品质量也亟待进一步提高。从生产技术角度来看，为提高食品质量，就需坚决制止农药、化肥、激素及各种添加剂的滥用，但这很可能引起产量的下降。如果要同时提高食品的质量和产量，则必须在技术体系层面对食品生产进行彻底的改进，而这需要通过加大对农业和食品产业的投入才能实现。

其次，是食品质量与食品价格的矛盾。

长期以来，我国食品价格稳定在一个较低的水平。总体上对消费者是有利的，但也可能带来食品质量低劣的问题，最终损害消费者的权益。而食品的低价格主要是由三个方面的原因造成的。其一，目前消费者整体支付能力较低，不能为食品支付较高的价格。大多厂商只能选择低价格、低质量的经营策略。其二，食品涨价被认为是推动通胀的主要原因，政府对食品价格进行了较严格的管制。少数厂商在涨价受限的情况下，很可能会尝试暗中通过降低食品质量来获利。其三，食品的低价格也和目前部分食品产业的过度竞争有关。某企业负责人指出“我们的牛奶卖得比纯净水还便宜”，这显然违背了价值规律。

就改善食品质量的问题，人们已提出了大量的对策和建议，但一般都忽视了改善食品质量所产生的成本问题，仍希望在提高食品质量的同时保持低价格。但当价格低到一定程度时，食品生产者可能会陷入遵循了质量标准就要亏损的困局。务实地来看，随着食品质量的改善，生产成本的提高是不可避免的，因此有必要在合理的范围内提高食品价格，与此同时，也需相应地提高人们的收入水平和消费能力。

（黎霆　农业经济博士）

王 谨：

旱情三“烤问”
——部分政策为何与节水背道而驰

中国旱涝频发，自古以来各地政府官员就注意通过建设水利设施应对旱涝灾害，但这些年来，有些地方农业水利设施建设处于无人问津的地步，不仅很少增添新的水利设施，而且原有的水利设施也大都荒废了，以致天灾来到时，“头痛医头，脚痛医脚”，不能根本解决旱涝灾害问题。

中国作为一个幅员辽阔的大国，灾情频仍，“东边日出西边雨”或“南边洪涝西边旱”，是常有的天气现象。

正值西南地区抗旱救灾的关键时刻，2010年3月19日至21日，国务院总理温家宝来到云南省曲靖市查看旱灾，慰问民众。从电视上看到鬓发花白的总理，站在干涸龟裂的河床上，踩着干裂的土块走着，并弯腰捡起一个蚌壳，皱着双眉沉默良久的情形，笔者如临其境，深受感动，心情也像久旱盼甘露，期盼及时雨早早来到中国西南。

旱灾无情人有情，西南旱区的灾情不仅牵系着总理的心，也牵系着全国同胞的心。

一场大旱如炎炎之火，带给我们诸多“烤问”。

“烤问”之一：我们的水利设施建设是否完善？中国旱涝频发，自古以来各地政府官员就注意通过建设水利设施应对旱涝灾害：逢洪涝，疏通河道，库塘储水；逢干旱，开闸引水，以济干涸。但这些年来，有些地方农业水利设施建设处于无人问津的地步，不仅很少增添新的水利设施，而且原有的水利设施也大都荒废了，以致天灾来到时，“头痛医头，脚痛医脚”，不能根本解决旱涝灾害问题。

“烤问”之二：我们的用水方式是否有利于节水？我国的水资源本来就有限，包括北京在内的许多城市和省区是严重缺水的。但尽管如此，我们的一些政策却与节水背道而驰。比如，本来有些耗水量大的企业是要减少或淘汰的，对这类企业的注册和审批是要严格设立门槛的，但这些年来，因利益使然，在许多地方，高耗水企业以及洗浴休闲俱乐部等高耗水场所仍不断增加，什么人造“水上世界”、自动洗车坊，诸如此类仍层出不穷。再加上，国民也大都没有节水习惯，大手大脚浪费水成为大家的通病。如此下去，遇到干旱当然束手无策了。

“烤问”之三：旱涝灾害的应对机制是否健全？西南地区旱灾实际上从2009年秋天就开始了，持续时间很长。如果我们有长效健全的应对机制，早做准备，有序应对，寻找并引入新水源，灾情是否会应对得从容些？

“悠悠万事，民生为大。”旱情如火，在旱情的“烤问”下，作为每一个被纳税人供养的人民公仆，应多多忧民之忧、解民之虑。当然，每一个普通国民，也应从自己做起，从节约每一滴水做起，为国家减灾防灾尽微薄之力。

（王谨　人民日报海外版副总编辑）

梁小民：

旱灾水灾频频来袭 不能老拿天灾当说辞

农村水利建设投资严重不足，水利设施失修随处可见。如果风调雨顺，水利设施失修的后果还看不清楚，但一旦老天爷不帮忙，死也不肯下雨或暴雨连连，其后果就突出了。水利设施失修主要是投资失误造成的：一是一切投资以增加GDP为目的；二是投资的重点放在城市，农村被遗忘。

从西南大旱到南方水灾，几千万人受影响，但在这场灾难中，“天”到底该承担多少责任，“人”又应该承担多少责任？

天不下雨必然干旱吗？暴雨又必然成灾吗？记得20世纪90年代，笔者在美国学习时曾去过内华达州。那里几乎一年难得有一场雨，但并没有旱灾出现，而且那里还是美国的高质量土豆生产基地。导游介绍，那里的农民还怕下雨，因为当地农作物灌溉都有固定的时间和水量，下雨反而打乱了他们科学种田的计划。政府在那里修建了完善的灌溉体系，利用雪山上的雪水进行浇灌，即使连续多年不下雨，也不会出现旱灾。灌溉体系的建成，使那里的人们摆脱了靠天吃饭的状态。

我们曾经有过不好的习惯，自己犯了错误却归咎于天灾，而不检讨自己的错误。

水利工程建设的缺乏加剧了西南的旱情。这里有两个例证。一是同样不下雨，但西南各大城市里并不缺水，甚至还存在用水颇多的洗车业，受干旱之苦的是边远地区和农村。同在一个蓝天下，同样天不下雨，旱与不旱完全不一样，这不就在于城市有完善的供水体系，而农村缺乏基本的水利建设吗？二是受旱地区采取了打水井等应急措施，不也是立竿见影了吗？如果早这样做，还有如此大旱吗？

应该说，改革开放三十多年来，我国GDP的增长的确迅速，但我们也有一些失误，其中之一就是农村水利建设投资严重不足，水利设施失修随处可见。如果风调雨顺，水利设施失修的后果还看不清楚，但一旦老天爷不帮忙，死也不肯下雨或暴雨连连，其后果就突出了，西南大旱和南方水灾正是大自然对水利设施失修的报复。

笔者认为，水利设施失修主要是投资失误造成的。在经济建设投资上，有两个重大偏差：

一是一切投资以增加GDP为目的。投资于农业对增加GDP效果不显著，而投资于水利设施增加GDP的效用短期内根本看不出来。

二是投资的重点放在城市，而农村则成为被投资遗忘的角落。农村经济投资长期不足，更不用说水利建设这种要长期才能见效的投资。已有的水库、水利设施损坏严重，等到天灾时当然没法发挥作用了。

我们找出西南大旱和南方水灾的人祸也是为了纠正错误，从小处说是在灾后要把水利建设欠的债补上去，以后不要再发生类似事件；从大处说是为了落实科学发展观，把国家建设得更好。

（梁小民　清华大学EMBA特聘教授）

白田田：

保障供给日益艰巨 农业转型迫在眉睫

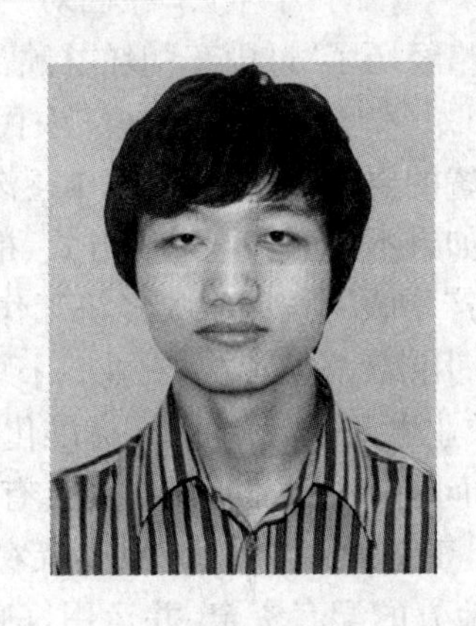

随着城镇化的加速推进，农业的支撑保障任务日益艰巨。一方面，城镇人口大量增加，耕地产出供给不可避免地遭受压力；另一方面，新增城镇人口的消费需求又增加了农产品供给的压力。而且城镇居民对无公害农产品、绿色食品和有机农产品有了更大的需求，而传统粗放的农业生产无法满足这些需求。、

2010年12月10日至12日召开的中央经济工作会议提出，2011年将加快转变经济增长方式，而农业是国民经济的命脉，转变农业发展方式、推进发展现代农业显得尤为迫切。

随着城镇化的加速推进，农业的支撑保障任务日益艰巨。据测算，“十二五”期间，我国城镇化率将超过50%，城镇人口将首次超过农村人口。在城镇化的过程中，一方面，农业人口大量减少，耕地产出供给不可避免地遭受压力；另一方面，新增城镇人口的消费需求又增加了农产品供给的压力。供给减少，需求增加，城镇化让农产品供需偏紧的态势更为明显。而且城镇居民对食品营养、安全的要求更高，无公害农产品、绿

色食品和有机农产品有了更大的市场需求，这些靠传统粗放式的农业生产都是无法满足的。

农业科技对农业的支撑作用亟待加强。现代农业科技的应用对于确保2010年粮食“七连增”发挥了很大的作用，但不可忽视的是，我国农业科技水平仍然比较落后。2009年农业科技进步贡献率仍只有51%，农业耕种收综合机械化率仅为49%，远低于发达国家水平。在农业生产中，如何提高资源利用效率、提高产品品质、降低生产成本，还需要现代科技的进一步支撑。

在农产品经营环节，一家一户的“小生产”在面对“大市场”的时候，表现得极度脆弱。2010年部分农产品价格经历了“过山车”般的行情：价格上涨的时候，更多的利益被中间商和投机炒作者攫取；价格下跌的时候，农民往往又成为最大的受害者。“小生产”如何适应市场化配置的要求，需要在实践中逐渐探索。

农业转型已迫在眉睫。如果不转变农业发展方式、推进发展现代农业，将严重影响农产品有效供给和农民增产增收。按照中央经济工作会议的提法，现代农业就是要用现代物质条件装备农业，用现代科技改造农业，用现代产业体系提升农业，用现代经营形式推进农业，促进农业生产经营专业化、标准化、规模化和集约化。

如同经济转型所面临的问题一样，农业转型也会有阻碍，有阵痛。对于政府来说，新时期农业政策的方针是工业反哺农业、城市支持农村和多予少取放活，这既需要中央的财政投入，也需要地方的配套资金，并运用好政府这只“有形之手”来解决市场失灵的问题。另外，要让市场经济的主体，包括农业企业和普通农户，在转型过程中发挥主体作用，更多地通过市场机制和价格信号来引导农业发展方式的转变，让农业转型驶入快车道。

（白田田　媒体人）

后记 /POSTSCRIPT

从生产、流通到加工、消费，围绕中国粮食这一主题，单学科、单作物品类的图书并不少见，但对粮食经济全面的关注却还是个“被遗漏的角落”。由《粮油市场报》编撰出品的“中国粮油书系”无意间填补了这个空白。

中国是个农业大国，中华文明的核心就是农业文明，无论是回望粮油人物撩开古老文明的一角面纱，还是探秘广袤中华大地的种植文化，无论是解码粮油企业家的财智方略，还是对粮食产业的深度观察与思考，都是在做五谷文章，都需要潜心耕耘。我们深知，只有沉下去真正感知中国粮食经济的优势、劣势和发展潜力，才能读懂中国农业，才能真正助推粮食强国。希望这些来自粮油一线的观察、解读、感知、思考，能为涉农涉粮工作者提供一点有益的启迪。

本书系的出版凝聚了所有粮油市场报人的智慧，也凝结着众多领导、专家、学者的心血。特别感谢郑州粮食批发市场董事长刘文进、总经理乔林选，正是在他们的悉心指导和大力支持下，改版后的《粮油市场报》乘势推出了“中国粮油地理”、“中国粮油财富”、“中国粮油产业”等一系列专刊、专栏，为本书系的结集出版积淀了大量鲜活、生动、深刻的素材。

在采访、报道和编撰过程中，国家粮食局、中国农业发展银行、中国粮食行业协会等涉农涉粮部门、组织和个人给予诸多指导、关怀和帮助，不少采访是在他们的直接指导下完成的。许多来自一线的粮食工作者热情出谋献策，答惑解疑，无私协助，是隐藏在文章具名背后的英雄。在成文过程中，我们还参考了一些知名专家学者的专著或论点，摘录了部分媒体记者的报道资料，他们深邃的思想、精彩的论述为文章添色良多。在此一并表示诚挚谢意。

本书系的顺利出版还得益于河南大学出版社的大力支持和精心策划，他们派出精兵强将精心编校，提出了许多真知灼见。他们的辛勤付出使本书系最终能够走进“农家书屋”，呈放在您的案头。

本书系的统筹、组稿分别如下：《中国粮油地理探秘》、《中国粮油新视点》为裴会永、白俐；《中国粮油产业观察》为石金功、宋立强；《中国粮油财富解码》为张宛丽、任敏；王丽芳承担了《中国粮油人物志》的组稿工作，并独立撰写了该书。王小娟、王勃、孙利敏为本书系设计制作了封面和插图。其他作者因文中均有具名，这里不再一一列举。

虽然编者尽了最大努力，但由于学识有限，书中仍难免存在错漏之处，敬请广大读者不吝赐教，我们将在今后的工作中尽力完善。

打造精品图书　竭诚服务三农

河南大学出版社

读者信息反馈表

尊敬的读者：

感谢您购买、阅读和使用河南大学出版社的一书，我们希望通过这张小小的反馈表来获得您更多的建议和意见，以改进我们的工作，加强我们双方的沟通和联系。我们期待着能为您和更多的读者提供更多的好书。

请您填妥下表后，寄回或发E-mail给我们，对您的支持我们不胜感激！

1.您是从何种途径得知本书的：

□书店　□网上　□报刊　□图书馆　□朋友推荐

2.您为什么决定购买本书：

□工作需要　□学习参考　□对本书感兴趣　□随便翻翻

3.您对本书内容的评价是：

□很好　□好　□一般　□差　□很差

4.您在阅读本书的过程中有没有发现明显的错误，如果有，它们是：

____

____

5.您对哪一类的图书信息比较感兴趣：

____

6.如果方便，请提供您的个人信息，以便于我们和您联系（您的个人资料我们将严格保密）：________________

您供职的单位：________________

您教授的课程（老师填写）：________________

您的通信地址：________________

您的电子邮箱：________________

请联系我们：

电话：0371-86059712　0371-86059713　0371-86059715

传真：0371-86059713

E-mail：hdgdjyfs@163.com

通讯地址：450046　河南省郑州市郑东新区CBD商务外环路商务西七街中华大厦2304室

河南大学出版社高等教育出版分社